工业和信息化普通高等教育"十三五"规划教材立项项目

21世纪高等教育计算机规划教材

大学计算机应用基础实践教程
（Windows 7+MS Office 2010）

University Computer Basic Practice
(Windows 7+MS Office 2010)

刘艳慧　主编

U0277660

人民邮电出版社

北　京

图书在版编目（CIP）数据

大学计算机应用基础实践教程：Windows 7+MS Office 2010 / 刘艳慧主编. —— 北京：人民邮电出版社，2019.8（2022.8重印）
21世纪高等教育计算机规划教材
ISBN 978-7-115-50417-3

Ⅰ. ①大… Ⅱ. ①刘… Ⅲ. ①Windows操作系统—高等学校—教材②办公自动化—应用软件—高等学校—教材 Ⅳ. ①TP316.7②TP317.1

中国版本图书馆CIP数据核字(2019)第079797号

内 容 提 要

本书是《大学计算机应用基础教程（Windows 7+MS Office 2010）》（ISBN 978-7-115-43045-8）配套的上机实验及综合练习教材。本书内容结构完整，也可单独作为教材使用。

本书根据教育部考试中心制订的《全国计算机等级考试二级公共基础知识考试大纲（2018年版）》《全国计算机等级考试二级 MS Office 高级应用考试大纲（2018年版）》编写而成。内容涵盖计算机基础知识、Windows 7 操作系统、Word 2010 文字处理软件、Excel 2010 电子表格软件、PowerPoint 2010 演示文稿软件、网络基础与 Internet 应用、配套习题、二级 MS Office 高级应用考试真题等，实验案例均来源于全国计算机等级考试真题及实际应用。读者通过学习本书，既可熟练掌握 Office 办公软件的应用，又可快速学习等级考试答题技巧，轻松通过计算机等级考试。

本书可作为普通高等学校"计算机应用基础"课程的教材，也可作为全国计算机等级考试的参考教材，还可作为自学者学习计算机基础的参考书。

◆ 主　编　刘艳慧
　　责任编辑　李　召
　　责任印制　陈　犇
◆ 人民邮电出版社出版发行　　北京市丰台区成寿寺路 11 号
　　邮编　100164　　电子邮件　315@ptpress.com.cn
　　网址　http://www.ptpress.com.cn
　　山东华立印务有限公司印刷
◆ 开本：787×1092　1/16
　　印张：11　　　　　　　　2019 年 8 月第 1 版
　　字数：287 千字　　　　　2022 年 8 月山东第 9 次印刷

定价：36.00 元

读者服务热线：(010)81055256　印装质量热线：(010)81055316
反盗版热线：(010)81055315
广告经营许可证：京东市监广登字 20170147 号

前 言

2015 年 5 月，教育部高等学校文科计算机基础教学指导分委员会"计算机基础教学要求"修订工作会议在中国人民大学召开。会议明确了计算机基础课程"面向应用"的基本定位，进一步强调了知识的学习要为培养学生解决问题的能力服务的基本原则，也就是每一个知识单元的设计要明确与解决何种问题的能力对应，注重培养学生的操作技能。

为深化教学改革，提高计算机公共基础课程教学水平，经充分调研论证，西北师范大学知行学院决定对计算机公共基础课程的课程设置、教学内容、考核方式及管理模式进行改革。调整改革后，"计算机应用基础"课程侧重 Office 办公软件的应用与实践操作，以全国计算机等级考试二级 MS Office 高级应用为导向，根据专业特点精心选择教学案例，建立并不断完善教学案例库，注重培养学生在今后学习、工作、生活中必要的计算机操作技能。

为此，我们根据教育部高等学校文科计算机基础教学指导分委员会关于"大学计算机基础"课程教学要求和全国计算机等级考试最新大纲，组织从事多年计算机基础教学工作并有丰富实践经验的教师编写本书。本书图文并茂，教学案例丰富，语言简明扼要且通俗易懂，具有很强的可操作性和实用性。

本书由西北师范大学知行学院刘艳慧主编。本书的编写工作得到了西北师范大学教务处处长王治和教授、西北师范大学任小康教授、西北师范大学知行学院院长孙建安教授、副院长杨晓宏教授的指导与帮助，西北师范大学知行学院多名老师及同学也参加了校稿工作，在此一并表示感谢！

本书提供丰富的配套资源，读者可登录 http://www.ryjiaoyu.com 下载。

由于编者水平有限，本书难免存在不足之处，欢迎广大读者批评指正。

编 者
2019 年 1 月

目 录

第 1 章　计算机基础知识

1.1　计算机硬件设备的连接

1. 认识主机箱接口

连接计算机硬件设备，首先要认识主机箱接口，不同的接口分别对应不同的设备，计算机外接设备都必须正确连接到主机箱的相应接口上才能正常工作。

（1）主机箱前面板接口

如图 1-1(a)所示，主要包含光驱、电源开关、电源指示灯、硬盘指示灯、USB 接口、音频输出接口、麦克风等。

（2）主机箱后面板接口

如图 1-1(b)所示，包括有 220V 电源接口、鼠标接口、键盘接口、串行口、并行口、USB 接口、网卡接口、显卡接口、音频输出接口、音频输入接口、麦克风接口等。

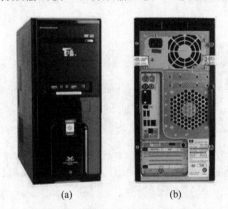

(a)　　　　　　　　(b)

图 1-1　主机箱前面板和后面板接口

2. 连接外接设备

认识了主机箱上的接口，我们还需将外接设备连接到主机箱上才可以使用。将外接设备连接到主机箱时，各个接口都有相对应的连接线，连接线的接口与主机箱上的接口是相配套的。连接外接设备的步骤如下。

（1）连接显示器

将显示器信号线插入显卡外部接口中，拧紧信号线上的螺帽。

（2）连接键盘和鼠标

键盘和鼠标通过 PS/2 或者 USB 接口与主机连接。连接时，将键盘和鼠标的连接线末端插头插入计算机主机箱后的 PS/2 或者 USB 接口。

（3）连接网线

一般计算机使用双绞线连入网络。将双绞线末端的 RJ-45 水晶头对准机箱后面的 RJ-45 网卡接口插入即可。

（4）连接电源线

将主机电源线一端连接在主机上，另一端连接在市电插座上；将显示器电源线一端连接在显示器电源插口上，另外一端连接在市电插座上即可。

1.2　键盘指法练习

键盘指法练习是计算机操作中最基础的技能练习，需要足够的时间重复训练，方可熟悉键盘的分布及各键的位置，读者应掌握正确的击键法，并学会用盲打输入中英文字符及标点符号。

为减少或避免练习过程中的枯燥感，可借助金山打字通 2013 来完成。

1. 金山打字通

启动金山打字通 2013，单击"新手入门"，在"登录"窗口中输入一个昵称，单击"下一步"，进行绑定 QQ 设置，这里我们不绑定，直接关闭窗口。接下来有两种模式的选择：自由模式、关卡模式，选择自由模式可自由练习并选择进度。

2. 认识键盘

单击"新手入门"→"打字常识"，打开认识键盘页面。整个键盘分为主键盘区、功能键区、控制键区、数字小键盘区和状态指示区 5 个区图，如图 1-2 所示。

图 1-2　键盘分区图

（1）主键盘

它是键盘的主要部分，包括 26 个英文字母键，10 个数字键及其他特殊功能键。

空格键：按下此键时，输入一个空格。

回车键"Enter"：在文字编辑时使用这个键，可将当前光标移至下一行首。

控制键"Ctrl"：不能单独起作用，总是与其他键配合使用。

转换键"Alt"：不能单独起作用，总是与其他键配合使用。

退格键 "Backspace"：删除当前光标前的字符，并将光标左移一个位置。

制表键 "Tab"：分段定位光标，每按一次，光标右移 8 个空格的长度。

换挡键 "Shift"：上挡键，也叫字符换挡键。当输入双字符键的上挡字符时，应按住该键不放，再按所需字符键，即可输入该键的上挡字符；在小写状态下按 "Shift" 键和字母键，可输入大写字母。

大写字母锁定键 "CapsLock"：字母键大小写状态转换的开关。启动计算机后，字母键默认为小写输入状态，若按下该键则转换为大写输入状态。

（2）功能键区

功能键：位于主键盘上方，共有 12 个，分别标为 "F1" ～ "F12"，它们的具体功能由操作系统或应用程序来定义，一般 "F1" 为帮助键。

屏幕打印键 "PrintScreen"：按下此键可以将屏幕上的全部内容存入剪贴板。

开始菜单启动键：按下此键可以启动 "开始" 菜单。

启动快捷方式键：按下此键可以启动 "快捷菜单"。

（3）控制键区

"Insert" 键：用来转换插入和改写状态。

"Delete" 键：用来删除当前光标位置的字符。当一个字符被删除后，光标右侧的所有字符被左移一个位置。

"Home" 键：按此键时光标移到本行的行首。

"End" 键：按此键时光标移到本行中最后一个字符的右侧。

"PgUp" 键：上翻一页。

"PgDn" 键：下翻一页。

光标移动键：当分别按下 "↑""↓""←""→" 键时，光标将分别按箭头所指方向移动一个位置。

（4）数字键区

数字键区位于键盘右部，俗称小键盘，包括锁定键、数字键、小数点、加、减、乘、除和 "Enter" 键。

（5）状态指示区

状态指示区位于控制键区的上方，包括 3 个状态指示灯，分别为数字锁定信号灯、大写字母锁定信号灯和滚动锁定信号灯，用于提示键盘的工作状态。

3. 打字姿势

打字之前一定要端正坐姿，正确坐姿的要领包括以下几点。

（1）头正、颈直、两脚放平、腰部挺直，手腕放松且保持水平。

（2）身体正对屏幕，调整屏幕，使眼睛舒服。

（3）眼睛平视屏幕，保持 30～40 厘米的距离，每隔 10 分钟视线从屏幕上移开一次。

（4）手掌以腕为轴略向上抬起，手指自然弯曲地轻放在键盘上，从手腕到指尖形成一个弧形，手指指端的第一关节同键盘垂直，轻放在基准键位（"A""S""D""F""J""K""L"";"）上，左右手大拇指放在空格键上。

4. 手指分工

打字之前要将左手小指、无名指、中指、食指分别置于基准键位 "A""S""D""F" 键上；右手食指、中指、无名指、小指分别置于 "J""K""L"";" 键上，左右手拇指自然弯曲，轻置于空格键上，如图 1-3 所示。

图 1-3　手指摆放位置

基准键是手指常驻位置，其他键都是根据基本键的键位来定位的。按键时，只有击键的手指才伸出去击键，击完后立即回到基准键位，其他手指不要偏离基准键位。

一般"F"和"J"键上均有一个凸起的小横杠或小圆点，这两个键是左右食指的位置，盲打时可以通过它们找到基准键位。打字时双手的十个指头都有明确的分工，只有按照正确的手指分工打字，才能实现盲打和提高打字速度，如图 1-4 所示，需牢记。

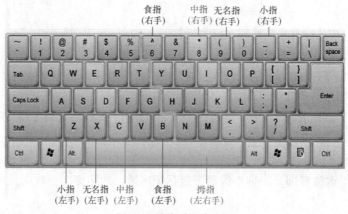

图 1-4　键位手指分工图

数字键盘的基准键位是"4""5""6"，分别由右手的食指、中指和无名指负责。

数字键盘的指法分工如图 1-5 所示。

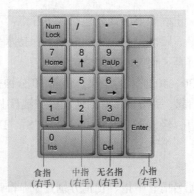

图 1-5　数字键盘手指分工图

5. 基本键位练习

明确了手指分工就可以开始最基本的键位练习了，键位练习分两种模式：练习模式和测试模式，可在两种模式之间进行切换。图 1-6 所示为"字母键位"部分的练习模式，可帮助用户更快地熟悉键位和指法，按键错误必须重新键入才能继续练习。

图 1-6 字母键位

数字键位的练习可切换到数字键盘区练习；在进行符号键的练习时，如果出现双字符键的上挡字符时，需配合"Shift"键一起使用。

6. 英文文章练习

当用户对键盘的各个键位比较熟悉后，就可以进入英文打字的综合练习阶段了。

单击"英文打字"，进入"英文打字"页面。"英文打字"模块分为 3 个阶段："单词练习""语句练习"和"文章练习"的训练。这 3 个阶段逐步增加难度，同样每个阶段分为练习模式和测试模式，用户可根据自己的进度和水平选择不同的模式。"单词练习"和"语句练习"训练中，工作页面仍然保留键盘图形的键位提示，方便用户盲打。而"文章练习"阶段取消了键盘图形的键位提示，完全与实战接轨，如图 1-7 所示。

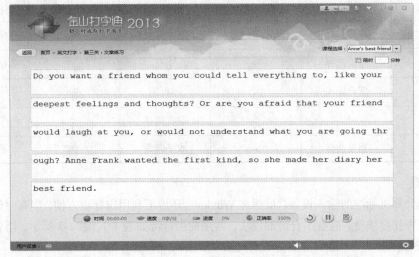

图 1-7 "文章练习"页面

在练习时必须集中精力，做到手、脑、眼协调一致，尽量避免看键盘，且要保证输入的准确度。

1.3　中文字符的输入

1.3.1　鼠标与键盘的基本操作

1. 鼠标

鼠标是控制屏幕上指针运动的手持式设备，是最常用的输入设备。在 Windows 环境下，绝大部分的操作都可以通过鼠标来实现。

（1）鼠标的基本操作

鼠标的基本操作有指向、单击、双击、右击和拖曳或拖动。

指向：移动鼠标，使鼠标指针指示到所要操作的对象上。

单击：快速按下鼠标左键并立即释放，用于选择一个对象或执行一个命令。

双击：连续快速两次单击鼠标左键，用于启动一个程序或打开一个文件。

右击：快速按下鼠标右键并立即释放。右击会弹出快捷菜单，方便完成对所选对象的操作。当鼠标指针指示到不同的操作对象上时，会弹出不同的快捷菜单。

拖曳或拖动：将鼠标指针指示到要操作的对象上，按下鼠标左键不放，移动鼠标使鼠标指针指示到目标位置后释放鼠标左键。拖曳或拖动用于移动对象、复制对象或者拖动滚动条与标尺的标杆。

（2）鼠标指针形状

鼠标指针的形状一般是一个小箭头，但在使用鼠标操作计算机的过程中，鼠标指针会随着用户操作的不同或系统工作状态的不同而呈现出不同的形状，不同的形状又代表着不同的含义和功能，表 1-1 列出了几种常见的鼠标指针形状及其表示的状态。

表 1-1　　　　　　　　　　常见的鼠标指针形状及其表示的状态

指针形状	表示的状态	指针形状	表示的状态	指针形状	表示的状态
𝙠	正常选择	I	文本选择	⤡	沿对角线调整 1
𝙠?	帮助选择	✎	手写	⤢	沿对角线调整 2
𝙠°	后台操作	⊘	不可用	✥	移动
○	忙	↕	垂直调整	↑	候选
+	精度选择	↔	水平调整	👆	链接选择

2. 键盘

键盘是计算机标准的输入设备，虽然在 Windows 环境下利用鼠标很方便，但有时使用键盘操作完成某个操作更快捷，故有组合键的说法，常用的组合键如表 1-2、表 1-3 所示。组合键的操作方法是先按住前面的一个键或两个键不放再按击后面的一个键。

表 1-2 通用键盘组合键

命令	作用
Ctrl+Alt+Delete	出现死机时，采用热启动打开"任务管理器"来结束当前任务
Esc	取消当前任务
Alt+F4	关闭活动项或者退出活动程序
Alt+Tab	切换窗口
Ctrl+空格	中英文输入法之间切换
Ctrl+Shift	各种输入法之间切换
Shift+空格	中文输入法状态下全角/半角切换
Ctrl+>	中文输入法状态下中文/西文标点切换
PrintScreen	复制当前屏幕图像到剪贴板
Alt+PrintScreen	复制当前窗口、对话框或其他对象（如任务栏）到剪贴板

表 1-3 对话框操作组合键

命令	作用
Ctrl+Tab	向前切换各张选项卡
Ctrl+Shift+Tab	向后切换各张选项卡
Tab	向前切换各选项
Shift+Tab	向后切换各选项
Alt+带下划线的字母	执行对应的命令或选择对应的选项
Enter	执行活动选项或按钮的命令
F1	显示帮助

1.3.2 输入法的切换

1. 鼠标法

用鼠标单击任务栏右侧的输入法图标，将显示输入法菜单，如图 1-8 所示。在输入法菜单中选择输入法图标或其名称即可改变输入法，同时在任务栏显示出该输入法图标，并显示该输入法状态栏。

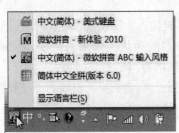

图 1-8 "输入法"菜单

2. 键盘切换法

（1）按"Ctrl+Shift"组合键切换输入法。每按一次"Ctrl+Shift"组合键，系统按照一定的顺序切换到下一种输入法，这时在屏幕上和任务栏上改换成相应输入法的状态窗口和它的图标。

（2）按"Ctrl+空格"组合键启动或关闭所选的中文输入法，即完成中英文输入方法的切换。

1.3.3 汉字输入法状态设置

汉字输入法状态栏包含：中文/英文大写切换按钮、全角/半角切换按钮、中文/英文标点符号切换按钮和软键盘按钮。

1. 中文/英文大写切换

中文/英文切换按钮显示"A"时表示处于英文大写输入状态，显示输入法图标时表示处于中文输入状态。用鼠标单击或按"CapsLock"键可以切换这两种输入状态。

2. 全角/半角切换

全角/半角切换按钮显示一个满月表示全角状态，半月表示半角状态。在全角状态下所输入的英文字母或标点符号占一个汉字的位置。用鼠标单击可以切换这两种输入状态。

3. 中文/英文标点符号切换

中文/英文标点符号切换按钮显示"。，"表示中文标点状态，显示"．，"表示英文状态。各种汉字输入法规定了在中文标点符号状态下英文标点符号按键与中文标点符号的对应关系。如智能ABC 输入法的中文标点状态下，输入"\"得到的是"、"号，输入"〈"得到的是"《"或"〈"号。用鼠标单击可以切换两种输入状态。

4. 软键盘

汉字输入法状态栏提供了 13 种软键盘，使用软键盘可以实现仅用鼠标就可以输入汉字、中文标点符号、数字序号、数字符号、单位符号、外文字母和特殊符号等。

用鼠标右键单击输入法状态栏的"软键盘"按钮即可显示软键盘菜单，用鼠标单击其中一个，即可将其设置为当前软键盘。用鼠标左键单击输入法状态栏的"软键盘"按钮，可以显示或隐藏当前软键盘。软键盘菜单与软键盘如图 1-9 所示。

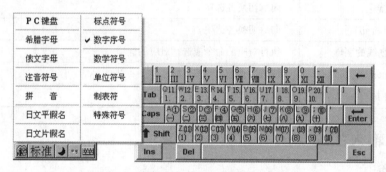

图 1-9　软键盘菜单与数字序号软键盘

1.3.4　中文字符的输入

按"Ctrl+Shift"组合键切换到中文输入法，即可开始中文字符输入。字符输入时，可以通过"+""−"翻页选择需录入的字词，用"空格"键完成录入内容的确认。如录入错误，可按"Backspace"键删除光标前的内容，按"Delete"键删除光标后的内容。

对于初学者，可以在金山打字通主界面单击"拼音打字"，通过"拼音打字"模块的"音节练习""词组练习"和"文章练习"进行音节输入、词组输入和文章输入的训练。

1.3.5　词库的导入

在中文字符录入的过程中，遇到姓名等不常用词的录入时，就要逐字"+""−"翻页选择，影响录入速度。为此，我们可以通过更新细胞词库和导入用户词库完成词库的设置。

例如，从事管理工作，就不免会录入大量的姓名，我们可以事先制作姓名库，通过词库导入完成姓名词库的建立。

　　导入姓名词库前，需事先准备导入词库。打开包含姓名的 Excel 文件，复制"姓名"列全部数据，打开"记事本"，粘贴复制好的"姓名"列，保存为"姓名库.txt"。

　　在搜狗拼音输入法状态栏上右击鼠标，选择"设置属性"，单击"词库"，在词库操作选择中单击"导入文本词库"，单击"执行该操作"，选择事先准备好的"姓名库.txt"，单击"打开"即可完成"姓名库"词库导入，如图 1-10 所示。

　　其他常用词库也可用此方法制作并导入。

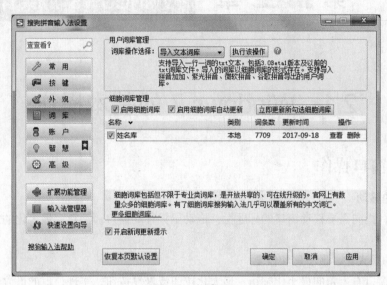

图 1-10　词库导入

第 2 章 Windows 7 操作系统

2.1 Windows 7 的基本操作

2.1.1 窗口操作

1. 窗口的移动

将鼠标指针指向需要移动窗口的标题栏，拖动鼠标移动窗口。注意，最大化的窗口是无法移动的。

2. 窗口的最大化、最小化和恢复

鼠标单击窗口右上角的最小化按钮、最大化按钮或恢复按钮，实现窗口的最大化、最小化或恢复。

3. 窗口大小的改变

当窗口不是最大化时，可以改变窗口的宽度和高度。

（1）改变窗口的宽度：将鼠标指针指向窗口的左右边缘，当鼠标指针变成左右双箭头后，拖动鼠标改变窗口宽度。

（2）改变窗口的高度：将鼠标指针指向窗口的上下边缘，当鼠标指针变成上下双箭头后，拖动鼠标改变窗口高度。

（3）同时改变窗口的宽度和高度：将鼠标指针指向窗口的任意一个角，当鼠标指针变成倾斜双箭头后，拖动鼠标改变窗口的宽度和高度。

4. 窗口内容的滚动

当窗口中的内容较多，而窗口太小不能同时显示它的所有内容时，窗口的右边会出现一个垂直的滚动条，或者在窗口的下边会出现一个水平的滚动条。滚动条外有滚动框，两端有滚动箭头按钮。通过移动滚动条，可在不改变窗口大小和位置的情况下，在窗口框中移动显示其中的全部内容。

滚动操作包括以下 3 种。

（1）小步滚动窗口内容：单击滚动箭头，可以实现一小步滚动。

（2）大步滚动窗口内容：单击滚动箭头和滚动框之间的区域，可以实现一大步滚动。

（3）滚动窗口内容到指定位置：拖动滚动条到指定位置，可以实现随机滚动。

5. 窗口的切换

当同时打开不止一个窗口时，切换窗口的方法如下。

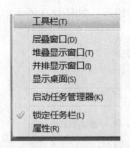

（1）用鼠标单击任务栏中的程序图标实现窗口的切换。

（2）单击窗口的任何部位实现窗口的切换。

（3）用"Alt+Esc"或"Alt+Tab"组合键实现窗口的切换。

6. 窗口的排列

当希望同时显示多个窗口时，可以设置窗口的排列方式。Windows 7 提供了层叠窗口、堆叠显示窗口、并排显示窗口 3 种窗口排列方式。右键单击任务栏空白处，弹出快捷菜单，选择相对应的窗口排列方式进行设置，如图 2-1 所示。

图 2-1　任务栏右键快捷菜单

2.1.2　菜单操作

1. 菜单中各命令项的说明

（1）显示暗淡的命令表示当前不能选用。

（2）如果命令名后有符号"…"，则表示选择该命令时会弹出对话框，需要用户提供进一步的信息。

（3）如果命令名后有一个指向右方的黑三角符号，则表示还会有级联菜单。

（4）如果命令名前面有标记"√"，则表示该命令正处于有效状态。如果再次选择该命令，将删去该命令前的"√"，且该命令不再有效。

（5）如果命令名的右边还有一个键符或组合键符，则该键符表示组合键。使用组合键可以直接执行相应的命令。

2. 下拉菜单的操作

（1）打开某下拉菜单（即选择菜单）有以下 2 种方法。

① 用鼠标单击该菜单项。

② 当菜单项后的括号中含有带下划线的字母时，也可按"Alt+字母键"。

（2）在菜单中选择某命令有以下 3 种方法。

① 用鼠标单击该命令选项。

② 用键盘上的 4 个方向键将高亮条移至该命令选项，然后按回车键。

③ 若命令选项后的括号中有带下划线的字母，则直接按该字母键。

（3）撤销菜单。

打开菜单后，如果不想选取菜单项，则可在菜单框外的任何位置上单击，即可撤销该菜单。

3. 控制菜单的操作

窗口的还原、移动、改变大小、最小化、最大化、关闭等操作，可以利用控制菜单来实现。用鼠标单击控制菜单图标，出现一个控制菜单，单击控制菜单中的图标完成相应操作。

4. 快捷菜单的操作

快捷菜单是系统提供给用户的一种即时菜单，它为用户的操作提供了更为简单、方便、快捷、灵活的工作方式。将鼠标指针指向操作对象，右击打开快捷菜单。快捷菜单中的命令是根据当前的操作状态而定的，具有动态性质，随着操作对象和环境状态的不同，快捷菜单的命令也有所不同。

2.1.3　对话框操作

对话框主要包括选项卡、列表框、单选按钮、复选框与数字微调按钮等，如图 2-2 所示。

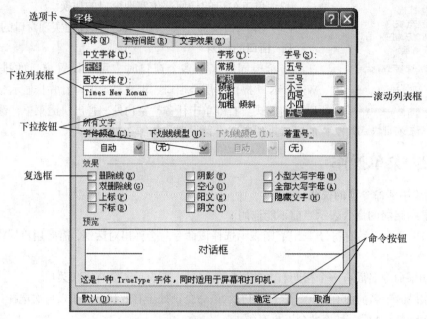

图 2-2　"字体"对话框及其标识

对话框操作方法如下。

（1）选项卡：鼠标单击选项卡标签切换。

（2）单选按钮：鼠标单击使其圆钮中间出现黑点。

（3）复选框：鼠标单击使被选定者矩形框中出现"√"，未选定者矩形框中为空。

（4）列表框：包括下拉列表框和滚动列表框，在下拉列表框和滚动列表框中单击选中选项。

（5）数字微调框：可以通过微调框中的微调按钮（即上三角按钮和下三角按钮）增加或减少数值，也可以在其中直接输入数值。

（6）命令按钮：单击命令按钮完成相应的操作。

2.2　文件管理

2.2.1　文件和文件夹的操作

1. 新建

在磁盘或文件夹下新建文件及文件夹的操作步骤如下。

（1）打开该磁盘或文件夹，在其空白位置单击鼠标右键，在弹出的快捷菜单中选择"新建"→"文件夹"命令，磁盘或文件夹中即新建一个相应的文件夹。

（2）打开该磁盘或文件夹，在其空白位置单击鼠标右键，在弹出的快捷菜单中选择"新建"命令，在级联菜单中单击对应文件类型，磁盘或文件夹中即新建一个相应的文件。

2. 打开、关闭

打开文件或文件夹的方法如下。

（1）双击需要打开的文件或文件夹。

（2）右击需要打开的文件或文件夹，在弹出的快捷菜单中选择"打开"命令。

关闭文件或文件夹的方法如下。

（1）在打开的文件或文件夹窗口中单击"文件"菜单，选择"退出"或"关闭"命令。

（2）单击窗口中标题栏上的"关闭"按钮或双击控制菜单区域。

（3）使用"Alt+F4"组合键。

3. 选定

在对文件或文件夹进行移动、复制、剪切、删除、重命名等操作之前，先应该选定它们。

如果需要选定的文件或文件夹不在"资源管理器"窗口右半部分的文件夹内容窗口（即当前文件夹）中，则需要先在"资源管理器"窗口左半部分的文件夹树窗口中选定当前文件夹，然后再在右半部分的当前文件夹内容窗口中选定所需要的文件或文件夹。

（1）选定单个文件或文件夹

用鼠标单击文件或文件夹的图标选定。

（2）选定一组连续排列的文件或文件夹

用鼠标单击要选定的文件或文件夹组中第一个的图标，按下"Shift"键，并单击该文件或文件夹组中要选定的最后一个的图标。

（3）选定一组非连续排列的文件或文件夹

在按下"Ctrl"键的同时，用鼠标单击每一个要选定的文件或文件夹的图标。

（4）选定所有文件和文件夹

要选定当前文件夹内容窗口中的所有文件和文件夹，单击"编辑"菜单中的"全部选定"命令即可，或使用"Ctrl+A"组合键选定所有文件和文件夹。

（5）反向选择

当窗口中要选定的文件和文件夹远比不需要选定的多时，可采用反向选择的方法。即先选定不需要的文件和文件夹，然后在"编辑"菜单中单击"反向选择"命令即可。

（6）取消选定文件

单击窗口中任何空白处即可。

4. 复制、移动

利用鼠标复制文件与文件夹的操作如下。

（1）打开"资源管理器"窗口。

（2）在文件夹树窗口（左半窗口）中选中需要复制的文件与文件夹所在的文件夹（称为源文件夹）。此时需要复制的文件与文件夹将显示在文件夹内容窗口（右半窗口）中。

（3）利用前面介绍的方法，在文件夹内容窗口中选定需要复制的文件与文件夹。

（4）在文件夹树窗口中使目的位置的文件夹成为可见，然后按住"Ctrl"键，将鼠标指针指向右半窗口中被选定的任意一个文件与文件夹，再按住鼠标左键，拖动鼠标至左窗口中的目的位置文件夹的右侧（该文件夹名背景呈深色显示）后释放鼠标，此时就可以在窗口中看到文件与文件夹复制的过程。

利用鼠标移动文件与文件夹的操作如下。

（1）打开"资源管理器"窗口。

（2）在文件夹树窗口中选中需要移动的文件与文件夹所在的文件夹，此时需要移动的文件与文件夹将显示在文件夹内容窗口中。

（3）利用前面介绍的方法，在文件夹内容窗口中选定需要移动的文件与文件夹。

（4）在文件夹树窗口中使目的位置的文件夹成为可见，然后按"Shift"键，将鼠标指针指向右半窗口中被选定的任意一个文件与文件夹，再按住鼠标左键，拖动鼠标至左窗口中的目的位置文件夹的右侧（该文件夹名背景呈深色显示）后释放鼠标，此时就可以窗口中看到文件与文件夹移动的过程。

5. 重命名

（1）在"计算机"或"资源管理器"窗口中，选中要重命名的文件或文件夹。

（2）单击"文件"菜单或快捷菜单中的"重命名"命令后，该需要重命名的文件或文件夹名称成为可编辑状态，此时输入新的名称，按"Enter"键即可。

6. 删除

（1）利用"回收站"图标删除文件与文件夹

在硬盘上要删除文件与文件夹实际上是将需要删除的文件与文件夹移动到"回收站"中。因此，它的操作过程与前面介绍的移动文件与文件夹完全一样，既可以用鼠标拖动，也可以用"编辑"菜单中的"剪切"命令，只不过其目标文件夹为"回收站"。

（2）利用菜单操作删除文件与文件夹

利用菜单删除文件与文件夹的操作方法如下。

① 在"计算机"或"资源管理器"窗口中选定需要删除的文件与文件夹。

② 在"文件"菜单中，单击"删除"命令后即可删除所有选定的文件与文件夹。

特别要指出的是，在硬盘上不管是采用哪种途径删除的文件与文件夹，实际上只是被移动到了"回收站"中。如果想恢复已经删除的文件，可以到"回收站"中去查找，在清空"回收站"之前，被删除的文件与文件夹都一直保存在那里。只有执行清空"回收站"操作后，系统才将"回收站"中所有文件与文件夹真正从磁盘中删除。如果不想放入"回收站"中，可按住"Shift"键，然后执行删除命令。

7. 创建快捷方式

图标是程序、文件、文件夹和快捷方式等各种对象的小图像。双击不同的图标即可打开相应的对象。左下角带有箭头的图标，称为快捷方式图标。快捷方式是一种特殊的 Windows 文件（扩展名为.lnk），它不是程序或文档本身，而是指向对象的指针。对快捷方式的改名、移动、复制或删除只影响快捷方式文件，而快捷方式所对应的应用程序、文档或文件夹不会改变。设置快捷方式的目的就是为常用的对象在方便的位置如桌面建立一个链接图标，以便快速打开该对象进行操作。

创建快捷方式的具体操作方法如下。

（1）鼠标指针指示到目标对象，单击鼠标右键，在弹出的快捷菜单中选择"创建快捷方式"命令，即可在当前位置创建目标对象的快捷方式。

（2）鼠标指针指示到目标对象，单击鼠标右键，在弹出的快捷菜单中选择"发送到"→"桌面快捷方式"命令，即可在桌面上创建目标对象的快捷方式。

8. 压缩与解压缩

Windows 7 的文件夹压缩功能是有限的，要更好地进行文件或文件夹的压缩，可以借助专门的压缩与解压缩软件，如 WinRAR 等。

用 WinRAR 压缩与解压缩文件的操作步骤如下。

（1）在窗口中选中要压缩的文件或文件夹，单击鼠标右键，选择"添加到压缩文件"或"添加到文件名.rar"，即可创建文件或文件夹的快捷方式。

（2）在窗口中选中已压缩的文件或文件夹，单击鼠标右键，选择"解压到当前文件夹"或"解压到文件名"，即可解压缩文件或文件夹。

9. 搜索

Windows 7 搜索栏在"资源管理器"和"计算机"窗口的右上角，如需在所有磁盘中查找，打开"计算机"窗口，如需在某个磁盘分区或文件夹中查找，则打开该磁盘分区或文件夹窗口，然后在窗口地址栏后面的搜索框中输入关键字。

搜索完成后，系统会在窗口工作区显示与关键字匹配的记录。

如果要按文件属性，比如按修改日期或文件大小搜索文件或文件夹，则可以使用搜索筛选器。单击搜索框，可以看到一个下拉列表，这里会列出之前的搜索历史和搜索筛选器。图 2-3 所示的是"计算机"窗口的搜索筛选器，只包括"修改日期"和"大小"两个条件。对于库中的"音乐""视频""图片""文档"窗口，筛选的条件会多一些，图 2-4 所示的是"图片"库的搜索筛选器。

图 2-3　"计算机"窗口的搜索筛选器

图 2-4　"图片"库的搜索筛选器

10. 设置属性

右击文件或文件夹，在弹出的快捷菜单中选择"属性"命令，打开"属性"对话框。比较文件和文件夹"属性"对话框，会发现它们略有不同，如图 2-5 和图 2-6 所示。利用文件或文件夹的"属性"对话框，用户不但可以查看该对象具体属性信息，如大小、创建时间、是否只读、是否隐藏等，而且还可以根据需要对其属性进行新的设置。

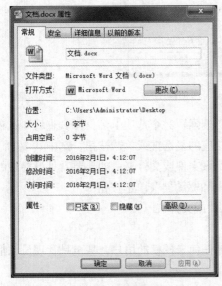

图 2-5　文件"属性"对话框

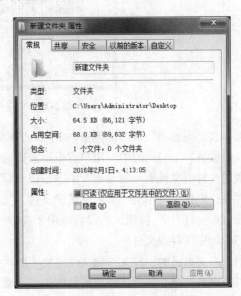

图 2-6　文件夹"属性"对话框

（1）设置文件或文件夹只读属性

设置为只读属性的文件和文件夹只能查看，不能修改或删除。设置方法如下。

① 打开要设置为只读属性的文件或文件夹的"属性"对话框。

② 在常规选项卡的"属性"选项区域中选中"只读"复选框，取消该复选框即取消其只读属性。

③ 单击"确定"按钮。

（2）隐藏文件或文件夹

如果不想让用户自己以外的其他人查看计算机中的文件或文件夹，可以将其隐藏起来。当用户希望将隐藏的文件或文件夹显示出来时，需要设置计算机中所有隐藏的文件和文件夹显示可见。

利用文件夹选项可以对文件或文件夹进行隐藏或取消隐藏设置，具体操作步骤如下。

① 对要隐藏的文件或文件夹设置隐藏属性，方法与以上介绍的设置只读属性的方法相同，只要选中"属性"对话框中的"隐藏"复选框即可。有时尽管设置了"隐藏"属性，用户会发现该对象依然可见，只是变为浅色显示，没有达到隐藏的目的。此时依然选中要隐藏的对象，选择窗口菜单栏中的"工具"→"文件夹选项"命令，弹出"文件夹选项"对话框，如图 2-7 所示。

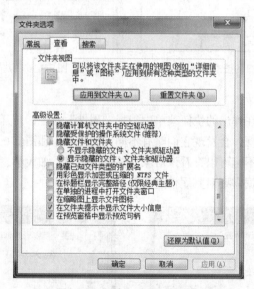

图 2-7 "文件夹选项"对话框

② "文件夹选项"对话框包括"常规""查看""搜索"3 个选项卡。打开"查看"选项卡，在"高级设置"下拉列表中，用户可根据需要选中相应的复选框或单选按钮，选中其中的"不显示隐藏的文件、文件夹或驱动器"单选按钮，即可隐藏文件或文件夹；如果要看见已隐藏的文件和文件夹，则选中其中的"显示隐藏的文件、文件夹和驱动器"单选按钮即可。

③ 单击"应用"按钮，将设置应用于选中的文件或文件夹。

（3）加密文件或文件夹

当用户对自己的一些文件和文件夹加密后，其他任何未授权的用户，甚至是管理员，都无法访问其加密的数据。加密文件夹的具体操作步骤如下。

① 打开要加密的文件夹的"属性"对话框。

② 在"常规"选项卡上，单击"高级"按钮，打开"高级属性"对话框，如图 2-8 所示。

③ 选中"加密内容以便保护数据"复选框，单击"确定"按钮返回"属性"对话框。

④ 在返回的"属性"对话框中单击"确定"按钮，将弹出图 2-9 所示的"确认属性更改"对话框。

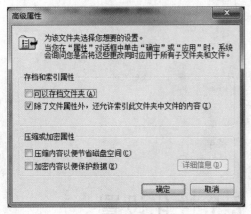
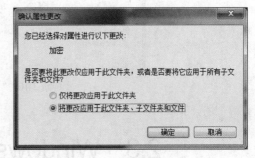

图 2-8　"高级属性"对话框　　　　　　　图 2-9　"确认属性更改"对话框

⑤ 选中"将更改应用于此文件夹、子文件夹和文件"单选按钮。

⑥ 单击"确定"按钮，系统将对其中的所有文件和文件夹进行加密。

完成加密设置后，该文件夹将呈绿色显示，其中的所有文件和文件夹也都呈绿色。当他人用其他账号登录该计算机时，将无法打开该文件夹。

2.2.2　查看文件夹的目录结构

查看文件夹的目录结构可以有以下两种方式。

1. 查看当前文件夹中的内容

在资源管理器导航窗格中单击某个文件夹图标，则该文件夹被选中，成为当前文件夹，此时在右边工作区窗口中立即显示该当前文件夹中下一层的所有子文件夹与文件。

2. 展开文件夹树

在资源管理器的导航窗格中，可以看到在某些文件夹图标的左侧含有"空心三角符号"或"实心黑色三角符号"的标记。

"空心三角符号"表示该文件夹下含有子文件夹，只要单击该"空心三角符号"标记，就可以展开该文件夹。

"实心黑色三角符号"表示该文件夹已经被展开，此时若单击该"实心黑色三角符号"标记，则将该文件夹下的子文件夹折叠隐藏起来，该标记变为"空心三角符号"。

为便于对文件或文件夹进行操作，可以对文件夹内容窗口中文件与文件的显示形式进行调整。打开文件夹，在其空白位置单击鼠标右键，在弹出的快捷菜单中选择"查看"图标，即可选择"超大图标""大图标""中等图标""小图标""列表""详细信息""平铺""内容"等查看方式，如图 2-10 所示。

打开文件夹，在其空白位置单击鼠标右键，在弹出的快捷菜单中选择"排列方式"图标，即可选择排列方式为："名称""修改日期""类型""大小"，也可选择"递增""递减"。

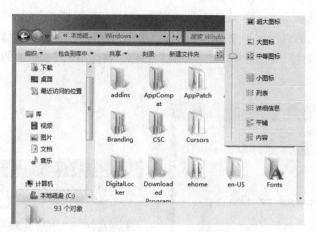

图 2-10 "查看"菜单

2.3 Windows 7 个性化设置

"控制面板"是 Windows 的控制中心，在"控制面板"窗口中，我们可以对 20 多种的设备进行参数设置和调整，如键盘、鼠标、显示器、字体、区域设置、打印机、日期与时间、口令、声音等。

单击"开始"→"计算机"，或双击桌面上的"计算机"图标，打开"计算机"窗口，在工具栏中单击"打开控制面板"按钮，打开"控制面板"窗口，如图 2-11 所示。

图 2-11 "控制面板"窗口

Windows 7 的"控制面板"有 3 种查看方式：类别、大图标、小图标，默认是"类别"查看方式。在控制面板的显示区中选择要设置的图标，双击该图标，可弹出相应的对话框或打开相应的窗口。

下面我们来介绍控制面板中相应项的设置。

2.3.1 外观和主题

单击"控制面板"→"外观和个性化"→"个性化",或右击桌面空白处,在弹出的快捷菜单中选择"个性化"命令,打开"个性化"窗口,如图 2-12 所示。用户可以通过"个性化"窗口对 Windows 7 系统的外观进行设置,如更改主题、更改桌面背景、更改半透明窗口颜色、更改声音效果、更改屏幕保护程序等。

图 2-12 "个性化"窗口

1. 设置桌面

单击"控制面板"→"外观和个性化"→"个性化"→"更改桌面背景",打开"桌面背景"窗口,在图片列表中,选择一张图片或多张图片作为桌面背景,如图 2-13 所示。

图 2-13 "桌面背景"窗口

也可单击"浏览"按钮来选择计算机中存放的图片,在"图片位置"下拉列表框中可设置图片在屏幕上的显示位置。如果选择了多张图片,在"更改图片时间间隔"下拉列表框中可设置更换显示背景图片的时间间隔，可设置 10 秒～1 天不等，设置完成后单击"保存修改"按钮，即可完成桌面背景的设置。

Windows 7 提供了时钟、天气、日历等一些桌面小工具。右击桌面空白处，在弹出的快捷菜单中选择"小工具"命令，打开"小工具"窗口，双击将要使用的小工具即可在桌面的右上角显示，也可直接将其拖动到桌面。

2. 设置主题

主题是图片、颜色和声音的组合。在 Windows 7 中，用户可以通过使用主题立即更改计算机的桌面背景、窗口边框颜色、屏幕保护程序和声音。Windows 7 系统为用户提供了多种风格主题，主要分为"Aero 主题"和"基本和高对比度主题"两大类，用户还可以到网上下载更多的主题。

如，要在系统中使用"Aero 主题"中的"自然"风格主题，操作步骤如下。

单击"控制面板"→"外观和个性化"→"个性化"→"更改主题"，打开"更改主题"窗口，然后在"Aero 主题"选项区域中单击"自然"选项，即可应用该主题。

3. 设置屏幕保护程序

屏幕保护程序是当操作者在较长时间内没有任何键盘和鼠标操作的情况下，启动的用于保护显示器的实用程序。

单击"控制面板"→"外观和个性化"→"个性化"→"更改屏幕保护程序"，打开"屏幕保护程序设置"对话框。用户可以在该对话框中设置屏幕保护程序，还可以指定等待时间、是否在恢复时显示登录屏幕等。当计算机的闲置时间达到指定值时，屏幕保护程序将自动启动。清除屏幕保护画面，只需移动鼠标或按任意键即可。

2.3.2 显示设置

1. 更改显示设置

单击"控制面板"→"外观和个性化"→"显示"，打开"显示属性"窗口，如图 2-14 所示。该窗口包括"调整分辨率""校准颜色""更改显示器设置""调整 ClearType 文本"和"设置自定义文本大小（DPI）"5 个选项，用户可以根据自身对计算机显示方面的需要选择其中一项或多项进行设置，修改计算机显示效果。

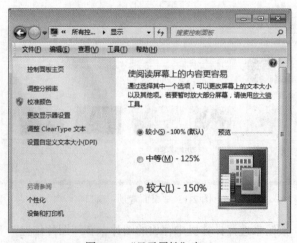

图 2-14 "显示属性"窗口

2. 调整屏幕分辨率

选择"显示属性"窗口中的"调整分辨率"命令，打开"屏幕分辨率"窗口；在"分辨率"下拉列表框中拖动滑块选择合适的分辨率；单击"确定"按钮即可完成屏幕分辨率的设置。

2.3.3　设置用户账户

Windows 7 是多用户单任务操作系统，它允许每个使用计算机的用户建立个人专属工作环境。每个用户都可以建立个人账户，并可设置登录密码，保护账户信息安全。

1. 账户类型

Windows 7 中有 3 种类型的账户，每种类型为用户提供不同的计算机权限控制级别。

（1）管理员账户

管理员账户拥有对本机资源的最高管理权限。它可以更改安全设置、安装软件和硬件、访问计算机上的所有文件，可以创建和删除计算机上的用户账户，可以更改其他用户的账户名称、图片、密码和账户类型等。计算机至少要有一个管理员账户。在只有一个管理员账户的情况下，该账户不能将自己修改为标准账户。

（2）标准账户

标准账户是权力受到一定限制的账户，此类用户可以访问已经安装在计算机上的程序，可以设置自己账户的图片、密码等，但是不能执行影响该计算机其他用户的操作。如卸载软件、修改系统时间、访问其他用户的文件等。

（3）来宾账户

来宾账户是专为那些在计算机上没有用户账户的人设置的，仅有最低权限，没有密码，可快速登录。使用来宾账户的人无法安装软件或硬件，更改设置或者创建密码。由于来宾账户允许用户登录到网络、浏览 Internet 以及关闭计算机，不使用时应该将其禁用。

2. 创建新账户

用户在安装完 Windows 7 系统后，第一次启动时系统自动建立的用户账户是管理员账户，在管理员账户下，用户可以创建新的用户账户，具体操作步骤如下。

（1）单击"控制面板"→"用户账户和家庭安全"→"用户账户"，打开"用户账户"窗口，如图 2-15 所示。

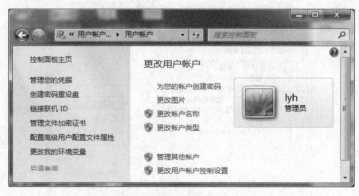

图 2-15　"用户账户"窗口

（2）单击"管理其他账户"，打开"管理账户"窗口。

（3）单击"创建一个新账户"，打开"创建新账户"窗口。

（4）在"新账户名"文本框内输入新账户名称，并通过下面的单选按钮指定新账户的类型为标准账户或管理员账户。

（5）单击"确定"按钮即可完成一个新账户的创建。

3. 管理账户

计算机中创建了多个账户，就要对它们进行管理，如更改账户权限、删除无人使用的账户等，但是必须由管理员管理其他账户。

在"用户账户"窗口中单击"管理其他账户"，打开"管理账户"窗口，在窗口中单击某个账户的图标，在打开的"更改账户"窗口中即可更改该账户的名称、密码、图片、类型，甚至可以删除该账户，但当前登录的用户账户不能被删除。对于来宾账户只能修改其图片或设置其是否启用。

2.3.4　设置输入法

输入法就是计算机输入字符的方法。Windows 7 系统默认英文输入法，要输入汉字则需要使用中文输入法。中文输入法最常见的有拼音输入法和字型输入法两种，拼音输入法是按照汉语拼音规则进行汉字输入的，字型输入法则是按照汉字的字型、部首输入汉字的。Windows 7 系统默认为用户提供了微软拼音、全拼、双拼等多种汉字输入方法。如果用户需要使用其他汉字输入法，应先安装相应的应用程序。

1. 添加输入法

（1）单击"控制面板"→"时钟、语言和区域"→"区域和语言"，打开"区域和语言"对话框。

（2）在"键盘和语言"选项卡的"键盘和其他输入语言"选项区中，单击"更改键盘"按钮，进入"文本服务和输入语言"对话框，如图 2-16 所示。

（3）单击"添加"按钮，打开"添加输入语言"对话框，选择要添加的某种输入法。

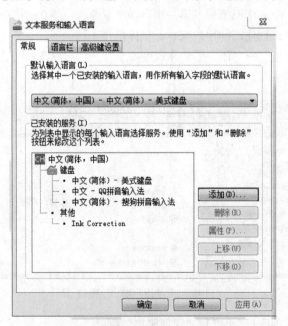

图 2-16　"文本服务和输入语言"对话框

（4）单击"确定"按钮，返回"文本服务和输入语言"对话框，可看到添加的输入法已经出现在"已安装的服务"列表框中。

（5）单击"文本服务和输入语言"对话框中的"确定"按钮，完成输入法的添加。

2. 删除输入法

删除输入法只需在"文本服务和输入语言"对话框的"已安装的服务"列表框中，选择要删除的输入法，然后单击"删除"按钮即可。但此时并不是将该输入法从系统中卸载，而是在具体输入操作时无法选择使用该输入法，需要使用时可再添加。

第3章 Word 2010 文字处理软件

3.1 文档的创建、编辑与排版

3.1.1 文档的基本操作

1. 新建空白文档

启动 Word 2010 应用程序，单击"文件"→"新建"→"空白文档"命令，然后单击"创建"即可。如图 3-1 所示。

图 3-1 新建空白文档

2. 使用模板新建文档

Word 2010 内置有多种用途的模板（例如书信模板、公文模板等），用户可以根据实际需要选择特定的模板新建 Word 文档。在 Word 2010 中可以使用内置模板，也可以通过 Microsoft Office Online 下载模板。

单击"文件"→"新建"命令，打开"新建"对话框，在"可用模板"窗格列表中选择合适的模板，并单击"创建"新建文档，如图 3-2 所示。

图 3-2　使用模板创建文档

用户也可以在"Office.com 模板"区域选择合适的模板，并单击"下载"新建文档。

3. 文档的保存

新建文档或文档编辑后，一定要按照要求保存文档，以备后续使用。等级考试中，务必以正确的文件名和文件扩展名将文件保存于考生文件夹下，否则不得分。

（1）文档保存

单击"文件"→"保存/另存为"命令，文档将以".docx"为扩展名永久性地存放在存储设备上。

（2）设置自动保存

Word 2010 在默认情况下每隔 10 分钟自动保存一次，用户也可以根据自己的需求设置自动保存时间间隔。

单击"文件"→"选项"命令，在"选项"对话框中选择"保存"，在"保存自动恢复时间间隔"编辑框中设置合适的数值，如图 3-3 所示。

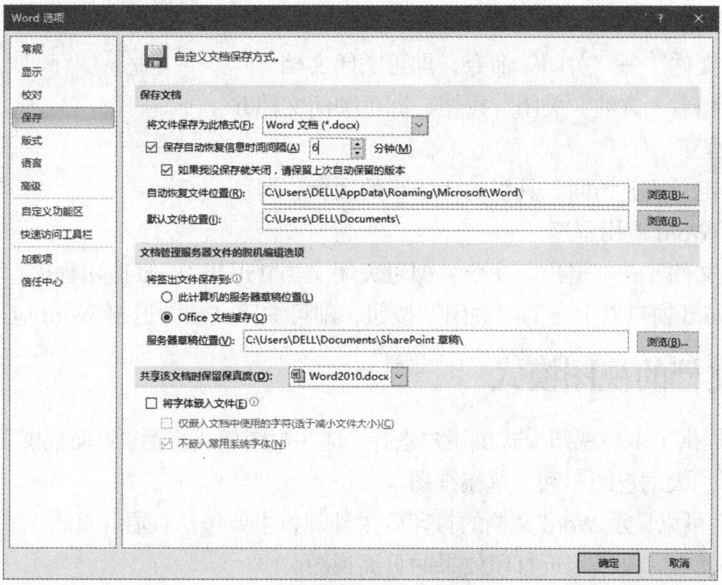

图 3-3　设置 Word 自动保存选项

4. 文档的保护

有些文档是有机密性的，这时我们需要用到 Word 加密功能。

单击"文件"→"信息"→"保护文档"→"用密码进行加密"命令，如图 3-4 所示。

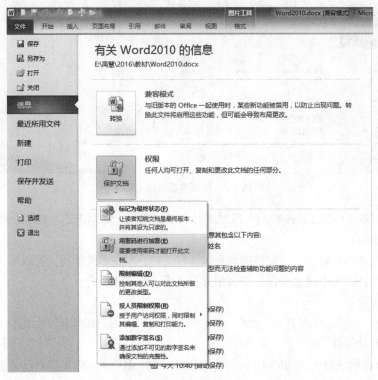

图 3-4　加密文档

然后在弹出的"加密文档"窗口中输入密码，如图 3-5 所示。下次启动该文档时只有输入密码才能正常打开。

5. 文档的关闭

（1）单击"文件"→"关闭"命令，即可关闭文档。

（2）单击文档右上方的"关闭"按钮，即可关闭文档并退出 Word 应用程序。

（3）双击自定义快速访问工具栏的 Word 的图标，即可关闭文档并退出 Word 应用程序。

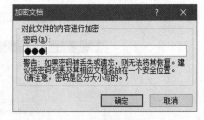

图 3-5　设置密码

（4）单击"文件"→"退出"命令，即可关闭文档并退出 Word 应用程序。

（5）单击 Word 窗口右上方的"关闭"按钮，即可关闭文档并退出 Word 应用程序。

3.1.2　文档的视图模式

Word 2010 提供了多种视图模式供用户选择，这些视图模式包括"页面视图""阅读版式视图""Web 版式视图""大纲视图"和"草稿视图"。

"页面视图"可以显示 Word 文档的打印效果外观，主要包括页眉、页脚、图形对象、分栏设置、页面边距等元素，是最接近打印效果的页面视图。

"阅读版式视图"以图书的分栏样式显示 Word 文档，"文件"按钮、功能区等窗口元素被隐藏起来。在阅读版式视图中，用户还可以单击"工具"按钮选择各种阅读工具。

"Web 版式视图"以网页的形式显示 Word 文档，Web 版式视图适用于发送电子邮件和创建网页。

"大纲视图"主要用于 Word 文档的设置和显示标题的层级结构，可以方便地折叠和展开各种层级的文档。大纲视图广泛用于 Word 长文档的编辑与浏览。

"草稿视图"取消了页面边距、分栏、页眉页脚和图片等元素，仅显示标题和正文，是最节省计算机系统硬件资源的视图方式。

1. 修改文档的视图模式

单击"视图"→"文档视图"功能区中的视图模式即可；或在 Word 文档窗口的右下方单击视图控制区中的按钮选择视图。

2. 显示和隐藏窗口元素

Word 默认显示窗口的标尺，方便用户将文档的内容沿标尺对齐，当窗口中没有标尺时，可以单击"视图"→"显示"，选中"标尺"复选框，即可在窗口中显示标尺，如图 3-6 所示。

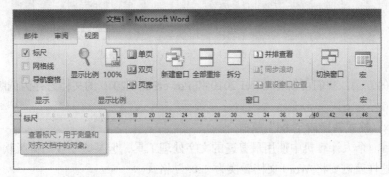

图 3-6　显示标尺

3. 调整文档的显示比例

在查看和编辑文档的过程中，为了查看页面中更多的内容或仔细查看文档内容，可以调整文档的显示比例。

单击"视图"→"显示比例"，选择显示比例，进行文档的缩小或放大；或拖动窗口右下角的"显示比例"滑块，调整合适的显示比例。

3.1.3　文档格式转换

1. ".docx"格式转换成".pdf"格式

在生活和工作中我们常常需要在移动产品上浏览阅读 Word 文档，但很多产品都不支持".docx"格式，在 Word 2010 中可以将".docx"格式的文件转换成".pdf"格式的文件。

单击"文件"→"另存为"命令，在"另存为"对话框中的"保持类型"选择".pdf"格式，单击"保存"就可以将".docx"转换成".pdf"了，如图 3-7 所示。

2. ".docx"格式保存为低版本".doc"格式

Office 2010 版本的文件如用 Office 2003 打开，会出现文件格式的不兼容。我们可以通过给低版本的 Office 软件安装插件解决，也可将文件另存为低版本格式。

如在 Word 2010 中，单击"文件"→"另存为"命令，在"另存为"窗口中，将"保存类型"设置为"Word 97-2003 文档（*.doc）"，单击"保存"即可。

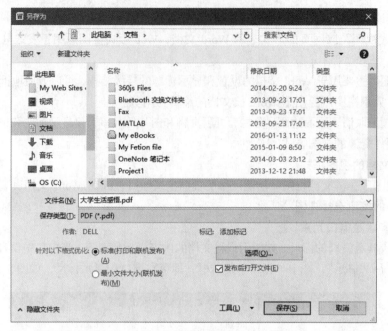

图 3-7 ".docx"格式转换成".pdf"格式

采用同样的方法，我们可以将 Excel 2010 和 PowerPoint 2010 的文档另存为低版本的".xls"和".ppt"格式。

3. ".docx"格式转换成".txt"格式

Word 是目前个人计算机中使用最普遍的文字处理工具，但某些专业的排版软件却需要使用".txt"格式。这样就需要将 Word 文档转换为".txt"格式。

单击"文件"→"另存为"命令，将"保存类型"设置为"纯文本（.txt）"，单击"保存"即可。

3.1.4 复制、剪切、粘贴与删除

在 Word 文档中，粘贴选项很多，设置好默认粘贴选项，可以适应在各种条件下的粘贴需要。

打开 Word 文档窗口，单击"文件"→"选项"→"高级"命令，在"剪切、复制和粘贴"区域可以对粘贴选项进行设置。设置好后单击"确定"保存设置，如图 3-8 所示。

1. 剪切

选中要剪切的文字，通过以下 3 种方法可实现文字剪切。

（1）单击"开始"→"剪贴板"命令，选择剪切图标。

（2）单击鼠标右键，在快捷菜单中选择"剪切"。

（3）使用"Ctrl+X"组合键实现剪切。

2. 复制

选中要复制的文字，通过以下 3 种方法可实现文字复制。

（1）点击"开始"→"剪贴板"命令，选择复制图标。

（2）单击鼠标右键，在快捷菜单中选择"复制"。

（3）使用"Ctrl+C"组合键实现复制。

图 3-8　剪切、复制和粘贴设置

3．粘贴

将光标移动到需要粘贴的位置，通过以下 3 种方法实现文字粘贴。

（1）单击"开始"→"剪贴板"命令，选择粘贴图标。

（2）单击鼠标右键，在快捷菜单中选择"粘贴"。

（3）使用"Ctrl+V"组合键实现粘贴。

在文档编辑过程中，如需对文档内容做简单调整，可选中需调整位置的内容，按住鼠标左键，拖动选中内容到新的位置，即可实现文档的剪切与粘贴；按下"Ctrl"键的同时拖动选中内容，即可实现文档的复制与粘贴。

4．删除

当需删除内容较少时，将光标移动到需要删除的位置，按下"Delete"键或"Backspace"键删除。

当需删除内容较多时，选中要删除的文字，按下"Delete"键删除。

3.1.5　查找与替换

1．查找

在 Word 中对文本内容进行查找和替换时，单击"开始"→"编辑"→"查找"命令，将出现"导航"窗口，在搜索输入框中输入要查找的内容，如输入"Office"后，文本中所有"Office"都以黄色突显出来，如图 3-9 所示。

2．替换

单击"开始"→"编辑"→"替换"命令，或使用"Ctrl+H"组合键，打开"查找和替换"对话框，选择"替换"选项卡，输入"查找内容"和"替换为"的内容，即可通过"替换"或"全部替换"命令实现某一处或全部相匹配的内容替换。单击"查找下一处"可进行查找内容的准确定位。如图 3-10 所示。

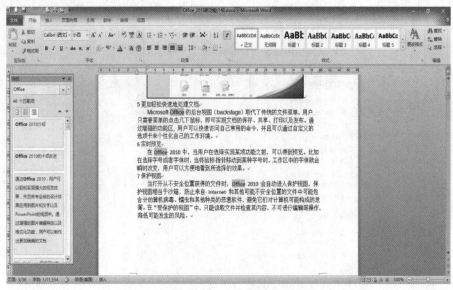

图 3-9　查找结果显示窗口

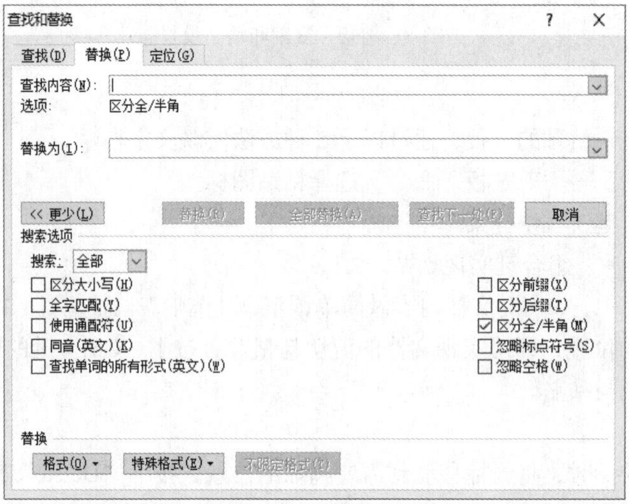

图 3-10　"查找和替换"对话框

3. 格式与特殊格式的替换

在 Word 中，可通过"格式"或"特殊格式"完成文档中某一处或全部相匹配格式的替换。利用这一功能，我们可轻松完成批量删除空行、删除空格、软回车符（↓）等格式修改。

单击"开始"→"编辑"→"替换"命令，将打开"查找和替换"对话框，单击"更多"，输入"查找内容"和"替换为"的格式或特殊格式，即可替换某一处或全部相匹配的格式。

3.1.6　设置字体

1. 设置字体格式

在 Word 中设置字体格式的操作步骤如下。

选中需要设置字体格式的文字，单击"开始"→"字体"，在"字体"和"字号"的下拉按钮中选择字体和字号即可，如图 3-11 所示。

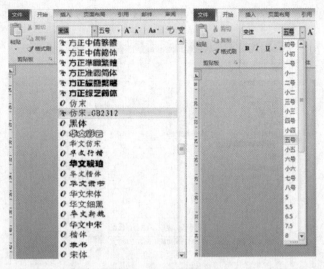

图 3-11　选择字体和字号

2. 设置字体颜色

在 Word 中设置字体颜色的操作步骤如下。

选中需要设置字体颜色的文字，单击"开始"→"字体"，单击"字体颜色"下拉按钮。在字体颜色列表中选择"主题颜色"或"标准色"中符合要求的颜色即可，如图 3-12 所示。

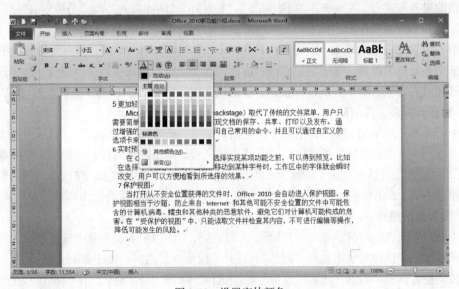

图 3-12　设置字体颜色

3. 字体的其他设置

选中需要设置的文字。

（1）单击 **B** *I* <u>U</u>，分别设置加粗、斜体、下划线字形效果。

（2）单击 abc x₂ x²，分别设置删除线、下标、上标效果。

（3）单击 Aa▾，更改英文大小写。

（4）单击 ⌫ ⧛ Ⓐ，分别表示清除格式、拼音指南、字符边框。

（5）单击 ⊕，设置带圈文字，如 Ⓡ。

（6）单击"字体"右下方的 ，打开"字体"对话框，可进行更多字体设置，如图3-13所示。

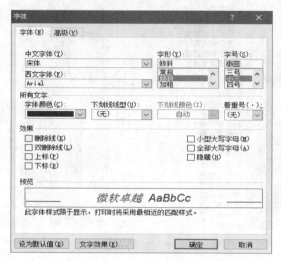

图3-13 "字体"对话框

3.1.7 设置段落

1. 设置段落对齐方式

段落的对齐方式有"左对齐""居中对齐""右对齐""两端对齐"和"分散对齐"等。

设置对齐方式的操作步骤如下。

选中要设置的段落，单击"开始"→"段落"，单击 ▤ ▤ ▤ ▤ ▤，即可设置相应的对齐方式；或选中要设置的段落，单击鼠标右键，选择快捷菜单中的"段落"命令按钮，在"段落"对话框中选择对齐方式，单击"确定"按钮，段落设置生效，如图3-14所示。

2. 设置行间距、段间距

选中要调整行间距的文字、段落或全部文档。单击"开始"→"段落"，单击 ↕≡ 设置行和段落间距；或选中要调整行间距的文字、段落或全部文档，单击鼠标右键，在快捷菜单中选择"段落"，打开"段落"对话框。在"间距"下单击段前和段后的三角按钮来调整段落之间的间距；通过"行距"中的1.5倍行距、2倍行距、最小值、固定值、多倍行距数值来调整行间距。

3. 设置段落缩进

选中要设置缩进的段落。单击"开始"→"段落"，单击 ▤ ▤设置减少缩进或增大缩进；或单击鼠标右键，在快捷菜单中选择"段落"，打开"段落"对话框，如图3-15所示。在"缩进"下通过微调控件调整"右侧"或者"左侧"的缩进值，单击"特殊格式"下拉按钮，在下拉列表中选择"首行缩进"或"悬挂缩进"选项设置缩进值（通常情况下缩进值设置为2字符），设置完成后单击"确定"。

也可通过拖动水平标尺上的滑块设置段落缩进，水平标尺上4个滑块分别是首行缩进、悬挂缩进、左缩进以及右缩进。如果要精确缩进，可在拖动的同时按住"Alt"键，此时标尺上会出现刻度。

4. 设置标题编号

在Word的编号格式库中内置有多种编号格式，用户还可以根据实际需要定义新的编号格式。打开Word文档窗口，单击"开始"→"段落"→"编号"，在打开的下拉列表中选择"定义新编号格式"选项，如图3-16所示。

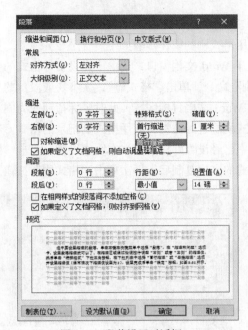

图 3-14　快捷菜单中的"段落"命令　　　　图 3-15　段落设置对话框

在打开的"定义新编号格式"对话框中设置编号样式、字体、编号格式、对齐方式等，格式设置结束后单击"确定"，设置生效，如图 3-17 所示。在打开的编号下拉列表中可以看到定义的新编号格式。

图 3-16　"定义新编号格式"选项　　　　图 3-17　设置新编号格式

3.1.8　使用格式刷

在编辑 Word 文档过程中，我们可以通过使用格式刷实现文本格式的复制，实现文档高效排版。

使用格式刷的操作步骤如下。

打开 Word 文档窗口，选中已经设置好格式的文本块或段落，单击"开始"→"剪贴板"→"格式刷"命令，单击"格式刷"，文本块或段落的文本格式就会被格式刷记录下来。将鼠标指针移动至 Word 文档目标区域，此时鼠标指针变为刷子形状。按住鼠标左键拖选需要设置格式的文本，格式刷刷过的文本将应用格式刷记录的格式。释放鼠标左键，完成一次格式复制。

选中已经设置好格式的文本块或段落，双击"格式刷"按钮，可以将同一种格式多次复制，完成格式的多次复制后，再次单击"格式刷"按钮关闭格式刷，如图 3-18 所示。

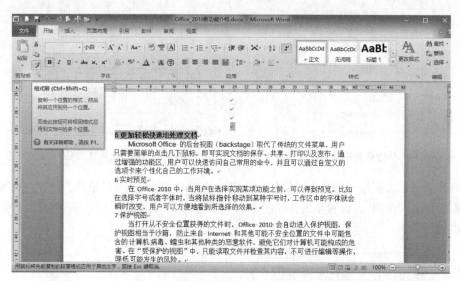

图 3-18 "格式刷"按钮

3.2 插入对象

3.2.1 插入表格

1. 插入表格

（1）使用"插入表格"对话框插入表格

在 Word 文档中，可以使用"插入表格"对话框插入指定行列的表格，并可调整表格尺寸、自动调整列宽等。

① 打开 Word 文档窗口，单击"插入"→"表格"命令，并在打开的表格菜单中选择"插入表格"命令，如图 3-19 所示。

② 打开"插入表格"对话框，在"表格尺寸"区域分别设置表格的行数和列数。

在"自动调整"区域如果选中"固定列宽"单选框，则可以设置表格的固定列宽尺寸；如果选中"根据内容调整表格"单选框，则单元格会根据输入的内容自动调整宽度；如果选中"根据窗口调整表格"单选框，则所插入的表格将充满当前页面的宽度；选中"为新表格记忆此尺寸"复选框，则再次创建表格时将使用当前尺寸。

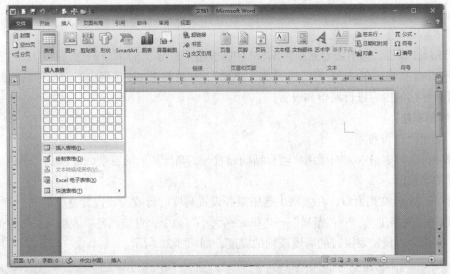

图 3-19　选择"插入表格"命令

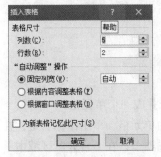

图 3-20　"插入表格"对话框

设置完成后单击"确定"按钮即可，如图 3-20 所示。

（2）绘制表格

打开 Word 文档页面，单击"插入"→"表格"→"绘制表格"命令，鼠标指针变成铅笔形状，此时拖动鼠标左键绘制表格边框、列、行。

绘制表格完成后，按"Esc"键或者在"设计"选项卡中单击"绘制表格"按钮，取消绘制表格状态，在绘制表格时如果需要删除行或列，则可以单击"设计"选项卡中的"擦除"按钮，当指针变成橡皮擦形状拖动鼠标左键即可删除行或列。

（3）快速表格

在 Word 中有一个"快速表格"的功能，在这里我们可以找到许多已经设计好的表格样式，只需要挑选你所需要的，就可以轻松插入一张表格，如图 3-21 所示。

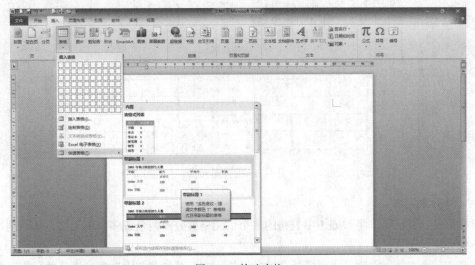

图 3-21　快速表格

单击"插入"→"表格"→"快速表格"命令，选择快速表格样式插入表格。

（4）粘贴 Excel 电子表格

打开 Excel 软件，选中需要复制到 Word 中的表格。单击"开始"→"剪贴板"→"复制"命令。打开 Word 文档，在"剪贴板"中单击"粘贴"，即可将 Excel 表格中的表格粘贴到 Word 中，粘贴后可对粘贴的内容进行调整和设置。

2. 编辑表格

（1）设置行高和列宽

在 Word 文档表格中，如果用户需要精确设置行的高度和列的宽度，可以在"表格工具"功能区设置精确数值。

① 打开 Word 文档窗口，在表格中选中需要设置高度的行或需要设置宽度的列。

② 点击"表格工具"→"布局"→"单元格大小"命令，直接调整"表格行高"数值或"表格列宽"数值，以设置表格行的高度或列的宽度，如图 3-22 所示。

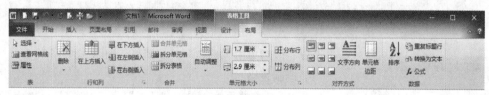

图 3-22　单元格大小

（2）合并单元格

在 Word 中，可以根据需要将表格中两个或两个以上的单元格合并成一个单元格。

打开 Word 文档页面，选择表格中需要合并的两个或两个以上的单元格，单击鼠标右键，在快捷菜单中选择"合并单元格"菜单命令即可；或者单击"布局"选项卡，在"合并"区域中单击"合并单元格"按钮即可，如图 3-23 所示。

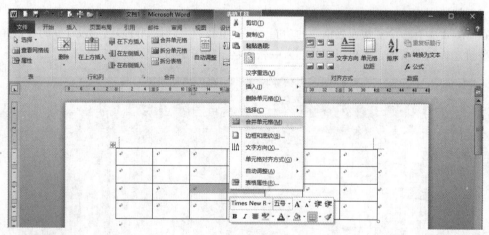

图 3-23　合并单元格

（3）拆分单元格

根据需要，我们可以将 Word 中表格的一个单元格拆分成两个或多个单元格，从而制作出较为复杂的表格。

打开 Word 文档，右键单击需要拆分的单元格。在打开的菜单中选择"拆分单元格"命令，

图 3-24 拆分单元格设置

打开"拆分单元格"对话框，分别设置需要拆分成的"列数"和"行数"，单击"确定"按钮完成拆分，如图 3-24 所示。

或者打开 Word 文档，单击左键选择需要拆分的单元格，单击"布局"→"拆分单元格"命令，打开"拆分单元格"对话框。分别设置需要拆分成的"列数"和"行数"，单击"确定"按钮完成拆分。

（4）表格自动编号

在 Word 中插入表格，通常需要在表格中加入编号。

打开 Word，单击"插入"→"绘制表格"命令，表格绘制完成后，将鼠标指针定位在第一单元格，单击"开始"→"段落"→"编号库"命令，然后选择"剪贴板"中的格式刷，在第 2 个单元格处按住鼠标左键向下拖动，直到最后一个单元格处松开鼠标，此时就插入自动编号。

或者，选中待插入编号的单元格，选择"编号库"中的编号样式，被选中单元格将自动生成编号。

（5）表格边框和底纹

在 Word 中，我们不仅可以在"表格工具"功能区设置表格边框，还可以在"边框和底纹"对话框中设置表格边框，其操作步骤如下。

① 打开 Word 文档窗口，在 Word 表格中选中需要设置边框的单元格或整个表格。

单击"表格工具"→"设计"→"表格样式"→"边框"命令，并在边框菜单中选择"边框和底纹"命令，如图 3-25 所示。

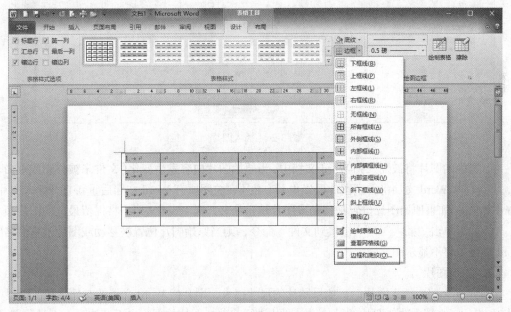

图 3-25 表格边框

② 在打开的"边框和底纹"对话框中切换到"边框"选项卡，在"设置"区域选择边框显示位置。

③ 在"样式"列表中选择边框的样式（例如双横线、点线等样式）；在"颜色"下拉菜单中

选择边框使用的颜色；单击"宽度"下拉按钮选择边框的宽度尺寸。在"预览"区域，可以通过单击某个方向的边框按钮来确定是否显示该边框。设置完成后单击"确定"按钮。

3.2.2 插入图片

1. 插入图片

（1）更新图片链接

在 Word 文档中插入图片以后，如果原始图片发生了变化，我们需要向 Word 文档中重新插入该图片。借助 Word 提供的"插入和链接"功能，我们不仅可以将图片插入到 Word 文档中，而且在原始图片发生变化时，Word 文档中的图片可以自动进行更新。

① 打开 Word 文档窗口，单击"插入"→"插图"→"图片"命令。

② 在打开的"插入图片"对话框中选中准备插入到 Word 文档中的图片，然后单击"插入"按钮右侧的下拉按钮，并选择"插入和链接"命令，如图 3-26 所示。

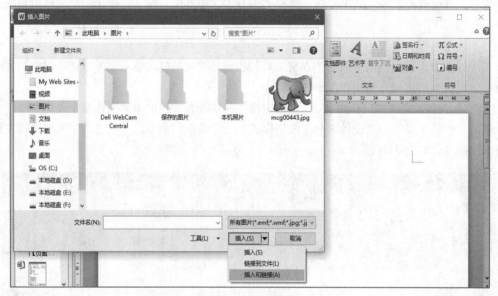

图 3-26　插入图片

③ 选中的图片将被插入到 Word 文档中，当原始图片内容发生变化（文件未被移动或重命名）时，重新打开 Word 文档将看到图片已经更新（必须在关闭所有 Word 文档后重新打开插入图片的 Word 文档）。如果原始图片位置被移动或图片被重命名，则 Word 文档中将保留最近的图片版本。

④ 如果单击"插入"→"链接到文件"命令，则当原始图片位置被移动或图片被重命名时，Word 文档中将不显示图片。

（2）压缩图片

在 Word 文档中插入图片后，如果图片的尺寸很大，则会使 Word 文档的文件体积变得很大。即使在 Word 文档中改变图片的尺寸或对图片进行裁剪，图片的大小也不会改变。不过我们可以对 Word 文档中的所有图片或选中的图片进行压缩，这样可以有效减小图片的体积，同时也会有效减小 Word 文件的大小。压缩图片的步骤如下。

① 打开 Word 文档窗口，选中需要压缩的图片。如果有多个图片需要压缩，则可以在按住"Ctrl"键的同时单击多个图片。

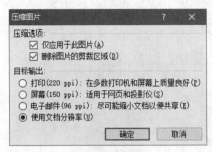

图 3-27 压缩图片

② 打开"图片工具"功能区,在"格式"功能区"调整"项目组中单击"压缩图片"按钮。

③ 打开"压缩图片"对话框,选中"仅应用于所选图片"复选框,并根据需要更改分辨率(例如选中"Web/屏幕"单选按钮)。设置完毕单击"确定"按钮即可对Word 文档中的选中图片进行压缩,如图 3-27 所示。

（3）设置艺术效果

在 Word 文档中,用户可以为图片设置艺术效果,这些艺术效果包括铅笔素描、影印、图样等多种效果,其操作步骤如下。

① 打开 Word 文档窗口,选中准备设置艺术效果的图片。单击"图片工具"→"格式"→"调整"→"艺术效果"命令。

② 在打开的艺术效果面板中,单击选中合适的艺术效果选项即可(本例选中"影印"效果),并可预览艺术效果,如图 3-28 所示。

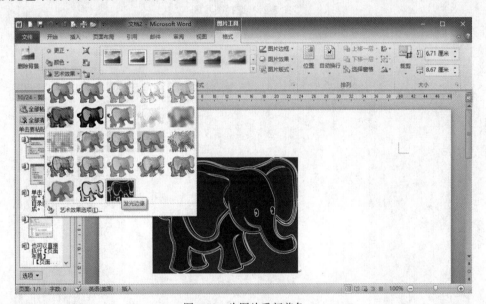

图 3-28 为图片重新着色

（4）去除图片背景

为了快速从图片中获得有用的内容,Word 提供了一个非常实用的图片处理工具——删除背景。使用删除背景功能可以轻松去除图片的背景。

① 选择 Word 文档中准备去除背景的图片,然后单击"格式"→"删除背景"命令。

② 进入图片编辑状态,拖动矩形边框四周上的控制点,以便圈出最终要保留的图片区域,如图 3-29 所示。

③ 完成图片区域的选定后,单击"背景清除"→"关闭"→"保留更改"命令,或直接单击图片范围以外的区域,即可去除图片背景并保留矩形圈起的部分,如图 3-30 所示。

2. 插入形状

在 Word 文档中,利用自选图形库提供的丰富的流程图形状和连接符可以制作各种用途的流程图,制作步骤如下。

图 3-29　选择图片区

图 3-30　去除背景后的图片

（1）打开 Word 文档窗口，单击"插入"→"插图"→"形状"命令，并在打开的菜单中选择"新建绘图画布"命令，如图 3-31 所示。

（2）选中绘图画布，单击"插入"→"插图"→"形状"→"流程图"命令，选择插入合适的流程图。

（3）在 Word 中单击"插入"→"插图"→"形状"→"线条"命令，选择合适的连接符。

（4）将鼠标指针指向第一个流程图图形（不必选中），则该图形四周将出现 4 个红色的连接点。鼠标指针指向其中一个连接点，然后按下鼠标左键拖动箭头至第 2 个流程图图形，则第 2 个流程图图形也将出现红色的连接点。定位到其中一个连接点并释放左键，则完成两个流程图图形的连接。

重复步骤（3）、（4），并根据实际需要在流程图图形中添加文字，从而完成流程图的制作。

图 3-31　选择"新建绘图画布"命令

3.2.3　插入 SmartArt 图形

1. 插入 SmartArt 图形

借助 Word 提供的 SmartArt 功能，可以在 Word 文档中插入丰富多彩、表现力丰富的 SmartArt 示意图，操作步骤如下。

（1）打开 Word 文档窗口，单击"插入"→"插图"→"SmartArt"命令。

（2）在打开的"选择 SmartArt 图形"对话框中，单击左侧的类别名称选择合适的类别，然后在对话框右侧单击选择需要的 SmartArt 图形，并单击"确定"按钮，如图 3-32 所示。

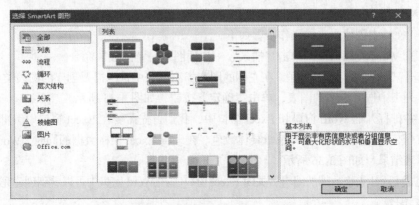

图 3-32　"选择 SmartArt 图形"对话框

（3）返回 Word 文档窗口，在插入的 SmartArt 图形中单击文本占位符，输入合适的文字即可。

2. SmartArt 图形设计

选中插入的 SmartArt 图形，单击"SmartArt 工具"→"设计"命令，即可打开如图 3-33 所示的 SmartArt 设计选项卡。

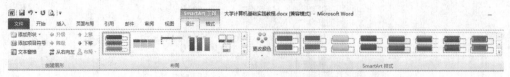

图 3-33　SmartArt 工具——设计选项卡

（1）单击"添加形状"，即可增加 SmartArt 图形及文本占位符数量。

（2）单击"添加项目符号"，即可在同一图形中增加占位符行数。

（3）单击"文本窗格"，即可打开文本窗格，便于输入文本内容。

（4）单击"布局"中的其他布局方式，即可调整 SmartArt 图形布局方式。

（5）单击"SmartArt 样式"中的其他样式，即可调整 SmartArt 样式；单击"更改颜色"，即可重新着色 SmartArt 图形。

3. SmartArt 图形格式

选中插入的 SmartArt 图形，单击"SmartArt 工具"→"格式"命令，即可打开如图 3-34 所示的 SmartArt 格式选项卡。

图 3-34　SmartArt 工具——格式选项卡

（1）单击"更改形状"，即可修改 SmartArt 图形的形状。

（2）单击"形状样式"中的其他样式，即可调整 SmartArt 图形的样式。

（3）单击"艺术字样式"中的艺术字样式，即可设置艺术字效果。

（4）单击"大小"中的宽度、高度微调按钮，即可调整 SmartArt 图形大小。

3.2.4　插入图表

1. 插入图表

在 Word 文档中创建图表的操作步骤如下。

（1）打开 Word 文档窗口，单击"插入"→"插图"→"图表"命令。

（2）打开"插入图表"对话框，在左侧的图表类型列表中选择需要创建的图表类型，在右侧图表子类型列表中选择合适的图表，单击"确定"按钮，如图 3-35 所示。

（3）在并排打开的 Word 窗口和 Excel 窗口中，我们首先需要在 Excel 窗口中编辑图表数据，例如修改系列名称和类别名称，并编辑具体数值。在编辑 Excel 表格数据的同时，Word 窗口中将同步显示图表结果，如图 3-36 所示。

（4）完成 Excel 表格数据的编辑后关闭 Excel 窗口，在 Word 窗口中可以看到创建完成的图表。

2. 编辑图表

选中插入的图表，单击"图表工具"→"设计""布局""格式"命令，即可分别打开图 3-37 所示的图表工具。编辑图表我们将在 Excel 部分重点学习。

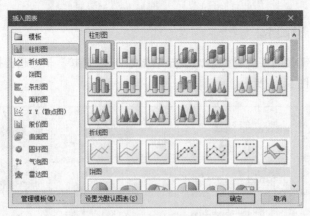

图 3-35 选择图表类型

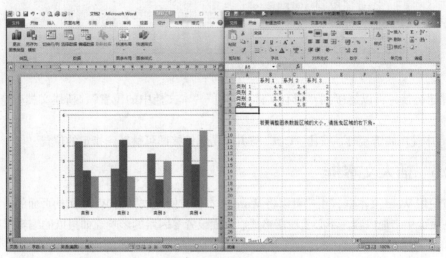

图 3-36 编辑 Excel 数据

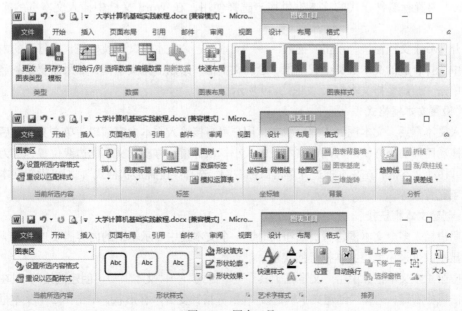

图 3-37 图表工具

3.2.5 插入超链接

选中需要添加超链接的字或者词语，单击"插入"→"链接"→"超链接"，即可打开"插入超链接"对话框，如图 3-38 所示。

图 3-38　插入超链接

通过超链接，可以链接到"现有文件或网页""本文档中的位置""新建文档""电子邮件地址"等。

Word 中使用超链接时，按住"Ctrl"键并单击超链接即可跳转到指定的位置。

3.2.6 插入文本框

通过使用 Word 文本框，用户可以将 Word 文本很方便地放置到 Word 文档页面的指定位置，灵活地在页面中布局内容，不必受段落格式、页面设置等因素的影响。如报纸的编辑排版等常用这种方式。

1. 插入文本框

Word 内置有多种样式的文本框供用户选择使用，在 Word 文档中插入文本框的操作步骤如下。

打开 Word 文档窗口，单击"插入"→"文本"→"文本框"下拉按钮，在打开的内置文本框面板中选择合适的文本框类型或单击"绘制文本框"绘制横排文本框，如果需要绘制竖排文本框，需单击"绘制竖排文本框"，如图 3-39 所示。

2. 设置文本框格式

插入文本框后，文本框处于编辑状态，用户可直接输入文本内容编辑。单击文本框后，用鼠标指针拖动四周的小方块即可调整文本框的大小；鼠标指针移动到文本框边缘位置，变为十字箭头，即可移动文本框；在文本框边缘单击鼠标右键，选择"设置形状格式"，即可设置文本框边框样式、填充背景等。

3. 创建文本框链接

当用户插入多个文本框进行页面布局时，一个文本框中显示不下的内容需要连续在下一个文本框中显示，可采用创建文本框链接实现。

选中第 1 个文本框，单击"文本框工具"→"格式"→"文本"→"创建链接"，或在文本框边缘单击鼠标右键，选择"创建文本框链接"，鼠标指针变为水杯形状，单击第 2 个文本框，即可将显示不下的内容自动放入第 2 个文本框中连续显示，如图 3-40 所示。

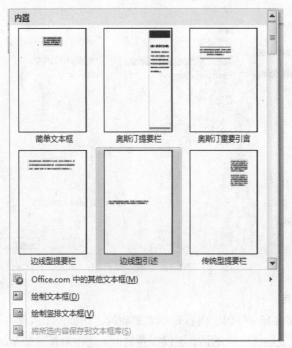

图 3-39　设置文本框面板

插入文本框后，文本框处于编辑状态，用户可直接输入文本内容编辑。单击文本框后，用鼠标指针拖动四周的小方块即可调整文本框的大小；鼠标指针移动到文本框边缘位置，变为十字	箭头，即可移动文本框；在文本框边缘单击鼠标右键，选择"设置形状格式"，即可设置边框样式、填充背景等。

图 3-40　创建文本框链接

3.2.7　插入文档部件

1．插入域

（1）插入域

域的意思是范围，类似数据库中的字段，它就是 Word 文档中的一些字段。每个 Word 域都有一个唯一的名字，但有不同的取值，是 Word 文档中的特定指令集。用"域"进行文档排版时能充分实现 Word 自动化功能。

单击"插入"→"文本"→"文档部件"→"域"，或按下"Ctrl+F9"组合键，即可打开"域"对话框，如图 3-41 所示。

选择"类别"，设置"域属性"，以插入日期和时间为例，设置格式属性和"域选项"，单击"确定"即可插入日期和时间。

（2）更新域

更新域，即重新计算域值。更新域的方法如下。

① 按下"F9"键。

② 单击鼠标右键，单击"更新域"。

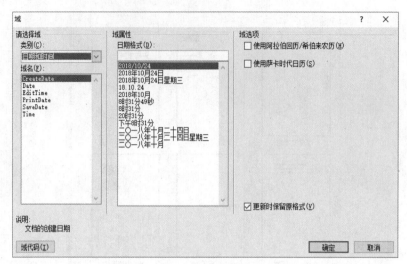

图 3-41　"域"对话框

2．创建文档部件库

在编辑文档的时候会有一些固定内容是不太变动的，比如说个人简介、联系信息或者是公司介绍等。如果每次都重复输入一次的话，不仅浪费时间，还很麻烦。在 Word 中有一个功能叫"文档部件"，利用其可以将这些固定不变的信息存档起来，直接使用。

输入好想要重复利用的内容，设定好文本格式，选中目标文本。单击"插入"→"文本"→"文档部件"→"将所选内容保存到文档部件库"，弹出"新建构建基块"对话框。在"名称"中自定义文本名称，单击"确定"按钮，就可以完成文本部件的添加。

如果希望插入已有文档，则单击"插入"→"文本"→"文档部件"，单击"文本部件"的下三角按钮，在下拉列表中选择刚刚添加的文档部件，单击此文档部件，即可将其插入到光标所在位置。

3.2.8　插入艺术字

Office 中的艺术字结合了文本和图形的特点，能够使文本具有图形的某些属性，如可设置旋转、三维、映像等效果，在 Word、Excel 和 PowerPoint 等 Office 组件中都可以使用艺术字功能。

打开 Word 文档窗口，将插入点光标移动到准备插入艺术字的位置。单击"插入"→"文本"→"艺术字"命令，并在打开的艺术字预设样式面板中选择合适的艺术字样式。打开艺术字文字编辑框，直接输入文本即可。用户可以对输入的艺术字分别设置字体和字号，如图 3-42所示。

3.2.9　插入符号

在编辑 Word 文档时有时需要输入一些符号和特殊符号，方法如下。

在插入位置单击鼠标，单击"插入"→"符号"命令，会列出常用的符号，单击需要的符号即可。

如果这里没有需要的符号，单击菜单底部的"其他符号"链接，打开符号对话框，如图 3-43所示，即可选择符号和特殊字符，单击需要的符号即可插入。

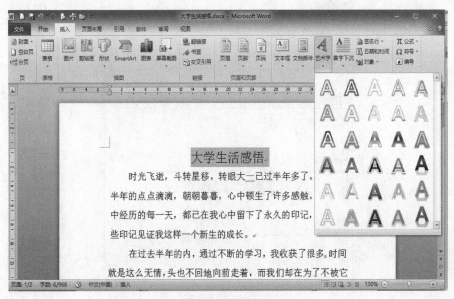

图 3-42　插入艺术字

图 3-43　符号和特殊字符

3.2.10　插入公式

在 Word 文档中，可以借助 Word 提供的数学公式运算功能对表格中的数据进行数学运算，包括加、减、乘、除，以及求和、求平均值等常见运算。

单击"插入"→"公式"命令，下拉列表中列出了各种常用公式，如需要输入一个二次公式和创建一个自定义公式，只要单击"二次公式"即可加入 Word 文档，如图 3-44 所示。

若要创建自定义公式，单击"插入"→"公式"→"插入新公式"命令，这时在窗口菜单中将出现"公式工具"→"设计"选项卡，可选择相应的选项自定义创建公式。

单击"公式"控件右侧的下拉箭头，可选择"另存为新公式"，以后再插入公式时，保存过的公式即可出现在下拉列表中。

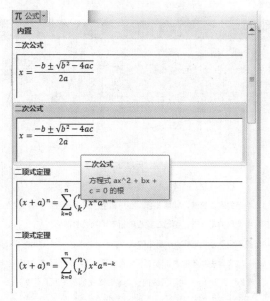

图 3-44　插入公式

3.3　长文档的编辑与管理

3.3.1　设置样式

样式是指用有意义的名称保存的字符格式和段落格式的集合，这样编排重复格式时，先创建一个该格式的样式，然后在需要的地方套用这种样式，就无需一次次地对它们进行重复的格式化操作了。因此样式是 Microsoft Office Word 中的重要功能，可以帮助用户快速格式化 Word 文档。

1. 新建样式

在 Word 的空白文档窗口中，用户可以新建一种全新的样式。例如，新的表格样式、新的列表样式等，操作步骤如下。

打开 Word 文档窗口，单击"开始"→"样式"→"启动器"按钮，打开"样式"窗格，如图 3-45 所示。

单击""新建样式，打开"根据格式设置创建新样式"对话框，如图 3-46 所示。在"名称"编辑框中输入新建样式的名称，然后单击"样式类型"下拉按钮，在"样式类型"下拉列表中包含了 5 种类型，如下所示。

（1）段落：新建的样式将应用于段落级别。

图 3-45　新建样式

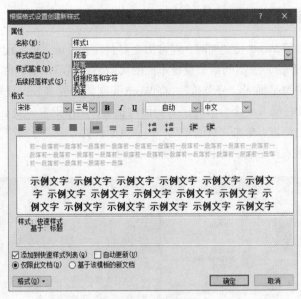

图 3-46　选择样式类型

（2）字符：新建的样式将仅用于字符级别。

（3）链接段落和字符：新建的样式将用于段落和字符两种级别。

（4）表格：新建的样式主要用于表格。

（5）列表：新建的样式主要用于项目符号和编号列表。

选择一种样式类型，例如"段落"。

单击"样式基准"下拉按钮，在"样式基准"下拉列表中选择 Word 中的某一种内置样式作为新建样式的基准样式。单击"后续段落样式"下拉按钮，在"后续段落样式"下拉列表中选择新建样式的后续样式。在"格式"区域，根据实际需要设置字体、字号、颜色、段落间距、对齐方式等段落格式和字符格式。如果希望该样式应用于所有文档，则需要选中"基于该模板的新文档"单选框。设置完毕单击"确定"按钮即可。

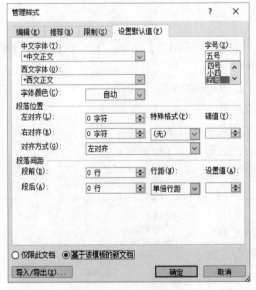

图 3-47　管理样式

如果用户在选择"样式类型"的时候选择"列表"选项，则不再显示"样式基准"，且格式设置仅限于项目符号和编号列表相关的格式选项。

2. 修改默认样式

单击"开始"→"样式"→"启动器"按钮，或者使用"Ctrl+Alt+Shift+S"组合键，调出"样式"窗口，单击底部的""管理样式按钮。

在"管理样式"窗口中，切换到"设置默认值"选项卡。我们可以在这里重新设置文档的默认格式，包括中西文字体、字号、段落位置、段落间距等。

完成设置后，选择新样式的适用范围，最后单击"确定"保存设置，如图 3-47 所示。

3.3.2 文档的分页与分节

在写论文、说明书等 Word 长文档时，经常需要对封面、目录、正文设置不同的页眉和页脚，如，正文页码从"1"开始，或不同章节设置不同的页眉格式显示章节名称。

解决此类问题的关键是插入"分节符"，将 Word 长文档分成多节，分别编辑页眉页脚。

最简单的分节，就是插入一个分节符区分封面与正文，用于设置正文页码从"1"开始。将光标定位于封面后的空白位置，单击"页面布局"→"页面设置"→"分隔符"下拉按钮，单击"分节符"→"下一页"插入分节符，如图 3-48 所示。

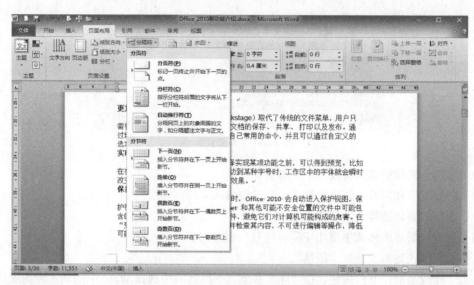

图 3-48 插入分隔符

设置较复杂的分章节页眉与页脚时，需在封面、目录及每章后面均插入"分节符"。

3.3.3 添加页眉、页脚

1. 设置页码格式

插入页码前，可以先设置页码的显示格式。如，目录页码常用"Ⅰ、Ⅱ、Ⅲ…"；正文页码常用"1、2、3…"或"-1-、-2-、-3-…"等。

单击"插入"→"页眉和页脚"→"页码"→"设置页码格式…"命令。

在弹出的对话框中，单击"编号格式"右侧下拉菜单，选择页码编号格式；在"页码编号"中选择"续前页"或单击"起始页码"后的微调按钮设置起始页码。一般地，正文第 1 章"起始页码"设置为"1"，其他章节均需选择"续前节"。如图 3-49 所示。

2. 插入页码

将光标定位于第 1 页，单击"插入"→"页眉和页脚"→"页码"→"页面底端"命令，在页码列表中选择合适的页码样式插入页码，同时，"页眉和页脚工具"选项卡被激活，如图 3-50 所示。

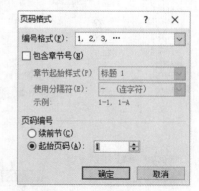

图 3-49 设置页码格式

图 3-50　"页眉和页脚工具"选项卡

插入"分节符"后，插入页码时，页面底部显示"页脚-第一节-"字样，设置第 1 节页脚，设置完毕，单击"页眉和页脚工具"选项卡的"下一节"继续设置，直到最后一节设置完成。

3. 插入页眉

页码设置完成后，单击"页眉和页脚工具"选项卡的"转至页眉"，即可开始页眉设置。

设置"页眉"时，如需让所有节均显示相同内容的页眉，需打开"链接到前一条页眉"按钮，如需对不同节设置不同的页眉内容，需断开同前一节的链接再输入本节页眉内容，设置完毕，单击"关闭页眉和页脚"。

对新手而言，复杂"页眉""页脚"的设置不好控制，设置的关键是从前往后，逐"节"完成设置。

4. 设置页眉页脚的首页不同、奇偶页不同

以设置"页眉"为例，打开 Word 文档，单击"插入"→"页眉页脚"→"页眉"命令，在菜单中选择"编辑页眉"命令，如图 3-51 所示。

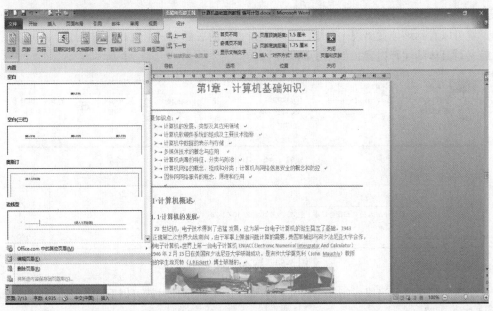

图 3-51　编辑页眉

设置首页不同、奇偶页不同，可以直接单击"页眉和页脚工具"选项卡"首页不同"和"奇偶页不同"的复选框设置；也可以单击"页面布局"→"启动器"按钮，打开"页面设置"对话框，单击"版式"，选中"首页不同"和"奇偶页不同"的复选框设置，如图 3-52 所示。

Word 文档的页眉或页脚不仅支持文本内容，还可以在其中插入图片，例如，可以在页眉或页脚中插入公司 Logo、单位徽标和个人标识等，使 Word 文档更加正规。

5. 删除页眉

使用 Word 时，只要插入了页眉，页眉文字下方就会出现一条横线。删除页眉时，即使删除了页眉文字，横线仍会留在页眉位置。因此，在删除页眉文字后，需再删除页眉横线。双击页眉位置打开"页眉页脚工具"，进入页眉编辑状态，单击"开始"→"样式"命令，选择"正文"或"清除格式"即可清除页眉横线，返回"页眉页脚工具"，单击"关闭页眉和页脚"完成设置。

3.3.4 插入脚注、尾注、题注

Word 提供了脚注与尾注工具，用于对文本内容进一步补充说明。尾注和脚注相似，脚注位于页面的底部，作为对文档某处内容的注释；尾注位于文档的末尾，列出引文的出处等。在添加、删除或移动自动编号的注释时，注释引用会自动重新编号。

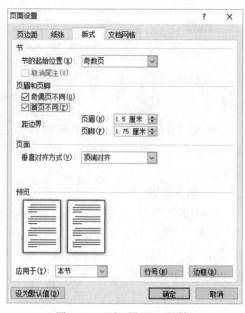

图 3-52 "页面设置"对话框

Word 题注用于管理文档中的图片、图表、公式、表格等对象。

1. 插入脚注

脚注由两个关联的部分组成，包括注释引用标记及其对应的注释文本。

选定需要插入脚注的文字和位置，单击"引用"→"脚注"→"插入脚注"命令，如图 3-53 所示。就可以看到该位置出现一个脚注序号，在页面的底部有一个同样的脚注序号，可以在脚注序号后书写具体的注释内容，如图 3-54 所示。

图 3-53 引用选项卡

图 3-54 输入脚注的内容

成功插入脚注后，当鼠标指针指向文档中脚注的脚注序号时就可以看到对该文字的注释，如图 3-55 所示。

图 3-55 脚注的效果

2. 插入尾注

尾注也是由两个关联的部分组成，包括注释引用标记及其对应的注释文本。

选定需要插入尾注的文字和位置，单击"引用"→"脚注"→"插入尾注"命令，同样，该位置会出现一个尾注序号，在文档的末尾会有一个同样的尾注序号，可以在尾注序号后书写具体的注释内容。

如需修改脚注或者尾注，其方法和 Word 编辑方法一样。

3. 脚注尾注转换

脚注与尾注也可以相互转换。

单击"脚注"功能区右下方的小箭头，打开"脚注和尾注"对话框，单击"转换"，打开"转换注释"对话框，选择一种转换类型，点击"确定"按钮即可实现脚注尾注转换，如图 3-56 所示。

除此之外，还可以在"格式"中修改脚注和尾注的编号格式。如图 3-57 所示。

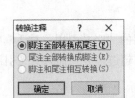

图 3-56　转换注释

图 3-57　"脚注和尾注"对话框

4. 删除脚注和尾注

删除脚注只需要删除文中的脚注序号即可，这样下方的脚注序号和脚注内容就会自动删除。当然也可以先删除页面底部的脚注内容，再删除文中的脚注序号。

删除尾注的方法和删除脚注的方法一样。

5. 插入题注

如果 Word 文档中含有大量图片、图表、公式和表格等对象，为了能更好地管理这些图片等对象，可以为其添加题注。

添加了题注的对象会获得一个编号，并且在删除或添加对象时，所有对象的编号会自动改变，以保持编号的连续性。要使 Word 能自动生成图片等对象的编号，首先要对文章标题设置对应的标题样式，只有设置标题样式后，才可以实现所有图片等对象编号的自动改变。

在 Word 文档中添加图片题注的步骤如下。

（1）打开 Word 文档窗口，单击"引用"→"题注"→"插入题注"命令，单击需要添加题注的图片，或者单击鼠标右键，在打开的快捷菜单中选择"插入题注"命令。

（2）打开"题注"对话框，单击"编号"按钮，如图 3-58 所示。

（3）打开"题注编号"对话框，单击"格式"下拉按钮，在打开的格式列表中选择合适的编号格式。如果希望在题注中包含 Word 文档章节号，则需要选中"包含章节号"复选框。设置完成后单击"确定"按钮，如图 3-59 所示。

图 3-58 "题注"对话框

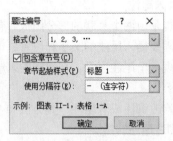

图 3-59 "题注编号"对话框

（4）返回"题注"对话框，在"标签"下拉列表中选择"Figure"（图表）标签。如果希望在 Word 文档中使用自定义的标签，则可以单击"新建标签"按钮，在打开的"新建标签"对话框中创建自定义标签，例如"图"，并在"标签"列表中选择自定义的标签。如果不希望在图片题注中显示标签，可以选中"题注中不包含标签"复选框。单击"位置"下拉按钮，选择题注的位置，例如"所选项目下方"，设置完毕单击"确定"按钮，即可在 Word 文档中添加图片题注，如图 3-60 所示。

（5）在 Word 文档中添加图片题注后，可以单击题注右边部分的文字进入编辑状态，并输入图片的描述性内容。

6. 交叉引用

单击"引用"→"题注"→"交叉引用"命令，在弹出的"交叉引用"对话框中选择"引用类型""引用内容"，单击"插入"即可。默认情况下，会以超链接方式插入交叉引用。如图 3-61 所示。

当插入图片删除后，可通过"更新域"完成更新。

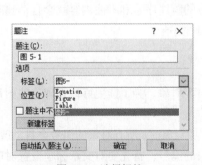

图 3-60 选择标签

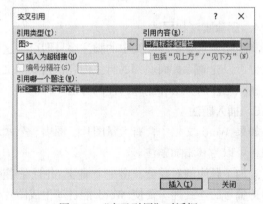

图 3-61 "交叉引用"对话框

3.3.5 插入目录

只有设置标题样式后，方可通过"引用"→"目录"自动生成目录。

1. 设置标题样式

操作步骤如下。

选择一级标题文字，单击"开始"→"样式"→"标题 1"命令，可将选定的一级标题文字设置为"标题 1"样式。同理，可设置二级、三级标题文字。

单击"视图"→"显示"，选中"导航窗格"，在左侧"导航"窗格中即可浏览文档中的标题，也可单击标题快速切换到某一章节。

标题样式设置好后，同样可使用"字体"或"段落"工具调整标题格式。为确保标题风格的统一，某一级标题设置好后可用"格式刷"功能修改其他相同标题。也可单击"样式"启动器，打开"样式"对话框，按标题级别统一修改样式，如图 3-62 所示。

2. 插入目录

一级、二级、三级标题都设置好后，把光标移到文档开头要插入目录的位置。单击"引用"→"目录"→"自动目录 1"即可快速插入目录；也可单击"引用"→"目录"→"插入目录"，打开"目录"对话框，单击"确定"按钮，自动生成目录，如图 3-63 所示。

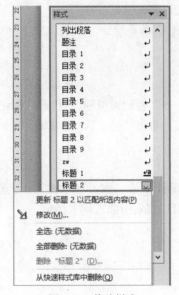

图 3-62　修改样式

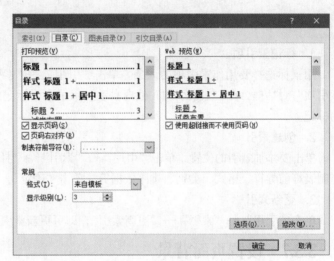

图 3-63　插入目录

3. 修改目录级别

目录插入以后，如需修改目录级别，在"目录"对话框中单击"选项"，弹出"目录选项"对话框，即可修改。

如目录级别中不显示一级标题，即可删除"标题 1"后面"目录级别"中的数字 1，将"标题 2"后面"目录级别"中的数字改为 1，"标题 3"后面"目录级别"中的数字改为 2，然后单击"确定"按钮关闭两个对话框。如图 3-64 所示。

4. 更新目录

目录插入以后，如对正文进一步修改，需更新目录。

更新时，在生成的目录上单击鼠标右键，选择"更新域"，在弹出的"更新目录"对话框中选择"只更新页码"或"更新整个目录"。

生成的目录如首页页码不是从"1"开始，请检查"页眉与页脚"，设置正文页码从"1"开始。

3.3.6　创建索引

在 Word 中创建索引，可以使阅读者更加快速有效地了解文档内容。

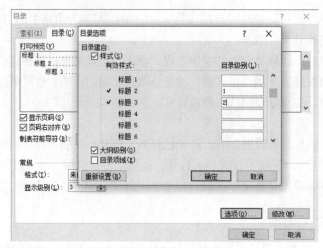

图 3-64　目录选项

1. 标记索引项

用鼠标选择要用作索引项的词条。单击"引用"→"索引"→"标记索引项"，打开"标记索引项"对话框，在"主索引项"框内自动显示了索引标记内容，单击"标记"，完成对该词条的标记。

2. 创建索引

单击要添加索引的位置，单击"引用"→"索引"→"插入索引"，在"索引"对话框中，选择制表符前导符、格式、类别、排序依据等，单击"确定"，就可以将索引插入到文档中。

3. 更新索引

单击"引用"→"索引"→"更新索引"，即可更新索引。

3.3.7　设置页面背景

1. 插入水印

水印是 Word 文档背景中显示的半透明标示（如"机密""草稿"等文字），可以是图片，也可以是文字。

（1）插入水印

单击"页面布局"→"页面背景"→"水印"命令，在打开的水印面板中选择合适的水印进行设置，如图 3-65 所示。

（2）删除水印

要删除已经插入的水印，需再次单击水印面板，单击"删除水印"按钮删除。

2. 页面背景

Word 文档的页面背景不仅可以使用单色或渐变色背景，还可以使用图片或纹理作为背景，其中纹理背景主要使用 Word 内置纹理，而图片背景则可以由用户使用自定义图片进行设置。在 Word 文档中设置纹理或图片背景的步骤如下。

（1）打开 Word 文档窗口，单击"页面布局"→"页面背景"→"页面颜色"命令，并在打开的页面颜色面板中选择"填充效果"命令，如图 3-66 所示。

（2）在打开的"填充效果"对话框中切换到"纹理"选项卡，在纹理列表中选择合适的纹理样式，单击"确定"按钮即可。

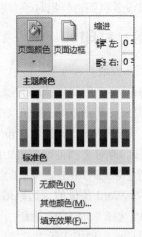

图 3-65　选择要插入的水印　　　　　　图 3-66　选择"填充效果"命令

如果需要使用自定义的图片作为背景，可以在"填充效果"对话框中切换到"图片"选项卡，单击"选择图片"按钮选择图片，单击"确定"按钮。

3. 页面边框

页面边框主要用于设置文档页面周围的边框，可以设置普通的线型页面边框和各种图标样式的艺术型页面边框，从而使 Word 文档更富有表现力。例如，在使用 Word 制作贺卡的时候，为了让贺卡更加好看，可以加入边框和底纹。

打开 Word 文档，单击"页面布局"→"页眉设置"→"页边距"命令，在"页面设置"对话框中选择"版式"，再选择"边框"设置边框和底纹，也可以直接单击"页面布局"→"页面背景"→"页面边框"命令，打开"边框和底纹"对话框，如图 3-67 所示。

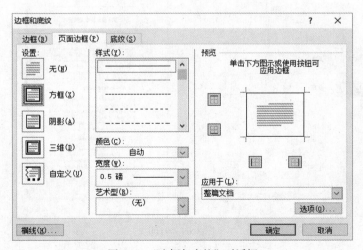

图 3-67　"边框与底纹"对话框

在"页面边框"选项卡的"设置"栏中选择边框的样式，"无"用于去除边框，"自定义"用于在页面各边添加不同的边框；在"样式"框中选择边框要选用的基本线型，也可以在"艺术型"

框中选用艺术型线型；在"颜色"框中选择边框线的颜色；在"宽度"框中选择边框线的粗细。设置完毕后右边区域将显示出预览效果，可以使用作用于上、下、左、右的 4 个按钮分别设置 4 个边框；在"应用于"框中选择在哪些页面添加边框；单击"选项"按钮打开"边框和底纹"对话框，可以设置页面边框相对于文字或页边的距离。

3.3.8　打印

1. 页面设置

在使用 Word 编辑文档的时候，常常需要为文档设置页边距、纸张方向、纸张大小、分栏显示等，方法如下。打开 Word 文档，单击"页面布局"选项卡，例如，要对文档进行页边距的设置，只需在"页面设置"区域中单击"页边距"按钮，在下拉列表中选择 Word 预设的页边距即可。

也可以选择"自定义页边距…"，在弹出的"页面设置"对话框中根据实际需求进行设置，如图 3-68 所示。

2. 打印设置

单击"文件"→"打印"命令，可以进行"打印份数"的设置，选择已安装的打印机，设置打印页数范围，根据打印机的性能设置"单面打印"或"双面打印"，选择实际需要设置纸张方向为"横向"或者"纵向"，也可进行页面设置，如图 3-69 所示。

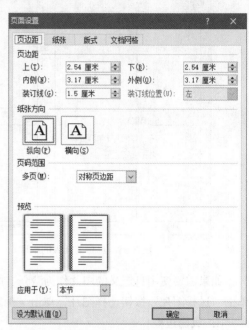

图 3-68　自定义页边距

图 3-69　打印

3. 打印预览

日常的工作当中，打印文件之前我们都会使用打印预览这一功能，看一下打印的效果如何。可以单击快捷访问工具栏的"打印预览"，也可以单击"文件"，选择"打印"即可看到打印效果。

3.4　文档修订

3.4.1　审阅与修订文档

1. 修订文档

当用户在修订状态下修改文档时，Word 应用程序将跟踪文档中的所有内容变化状况并标记下来。单击"审阅"→"修订"按钮，即可开启文档的修订状态。

修订状态下，插入的文档内容会通过颜色和下划线标记出来，删除的内容可以在右侧的页边空白处显示出来。当多个用户同时参与修订同一文档时，文档将通过不同的颜色来区分不同用户的修订内容。

修订内容的样式可以自定义设置，单击"审阅"→"修订"→"修订选项"命令，打开"修订选项"对话框，设置"标记""移动""表单元格突出显示""格式""批注框"等修订内容的样式，如图 3-70 所示。

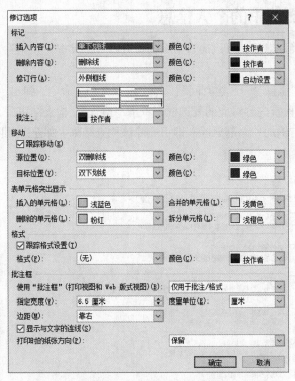

图 3-70　"修订选项"对话框

2. 为文档添加批注

批注是对文档修订信息的补充说明。

单击"审阅"→"批注"→"新建批注"命令，可以为文档内容添加批注信息。

如需删除批注信息，可单击批注信息，单击"审阅"→"批注"→"删除"命令，即可删除一个批注或全部批注。

3. 审阅修订和批注

修订完成后，用户还需要对文档的修订和批注状况进行最终审阅，并确定最终的文档版式。

（1）单击"审阅"→"批注"→"上一条"或"下一条"命令，定位修订或批注。

（2）单击"审阅"→"更改"→"接受"或"拒绝"命令，来接受或拒绝对修订内容的更改。

（3）单击"审阅"→"更改"→"接受"或"拒绝"下方的黑色小三角命令，可以接受或拒绝对文档内容的所有修订。

3.4.2 快速比较文档

Word 提供了两个文档的"精确比较"功能，帮助用户显示两个文档修订前后的差异情况。

单击"审阅"→"比较"→"比较"命令，打开"比较文档"对话框，在"原文档"区域中，浏览找到原始文档，在"修订的文档"中，浏览找到修改完成的文档，单击"确定"，两个文档中的不同之处就显示在"比较结果"文档中了。

单击"视图"→"并排查看"命令，两份文档并排显示，可以看得更加清楚。

3.4.3 删除文档中的个人信息

文档的最终版本确定以后，可以通过"文档检查器"工具查找并删除文档中的隐藏数据和个人信息。

单击"文件"→"信息"→"检查问题"→"检查文档"命令，弹出"文档检查器"对话框，如图 3-71 所示。勾选检查内容对应的复选框，单击"检查"。检查结束后，在审阅检查结果中单击检查结果相应内容右侧的"全部删除"即可删除该检查结果。如全部删除"文档属性和个人信息""不可见内容"等。

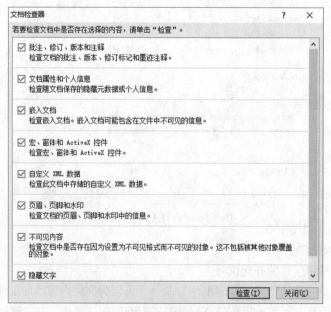

图 3-71   文档检查器

3.4.4　标记文档的最终状态

文档确认修改完成，并禁止相关内容再次编辑，可通过"标记为最终状态"实现。

单击"文件"→"保护文档"→"标记为最终状态"完成设置，设置后文档属性为"只读"。

3.4.5　中文繁简转换

单击"审阅"→"中文繁简转换"，可实现"繁转简""简转繁""繁简转换"操作。

3.5　邮件合并

"邮件合并"就是在邮件文档（主文档）的固定内容中，合并与发送信息相关的一组通信资料（数据源如 Excel 表、Access 数据表等），从而批量生成需要的邮件文档。

1. 使用邮件合并制作信封

单击"邮件"→"创建"→"中文信封"，在弹出的"信封制作向导"对话框中按流程分别设置"信封样式""信封数量""收件人信息""寄件人信息"，单击"完成"完成制作。如图 3-72 所示。

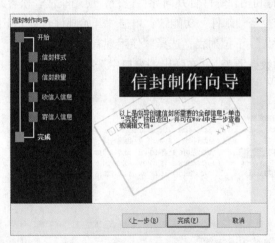

图 3-72　制作信封向导

2. 使用邮件合并制作邀请函

在日常的办公中，还可以通过 Word 所提供的"邮件合并"功能轻松实现批量制作学生成绩单、工资条、请帖、荣誉证书、准考证、明信片和个人简历等文档，该类文档明显的特征是数据量大，内容可明显地区分为固定不变的和变化的两部分。

邮件合并的操作步骤如下。

（1）准备数据源

数据源就是包含字段和记录的二维表。

在实际工作中，通常数据源是已经存在的，比如要制作大量客户信封，多数情况下，客户信息可能早已被客户经理做成了 Excel 表格，其中含有制作信封需要的"姓名""地址""邮编"等字段。在这种情况下，直接拿过来使用就可以了，不必重新制作。

如果没有现成的数据表，则要根据主文档对数据源的要求建立，根据个人习惯使用 Excel、Access 都可以，实际工作时，常常使用 Excel 制作。如图 3-73 所示。

	A	B	C	D
1	编号	姓名	地址	邮政编码
2	BY001	邓建威	北京市太平路23号	100036
3	BY002	郭小春	北京市东城区东四十条94号	100007
4	BY007	陈岩捷	天津市南开区迎水道1号	300191
5	BY008	胡光荣	北京市海淀区二里庄	100083
6	BY005	李达志	北京市海淀区知春路西格玛中心	100080

图 3-73　数据源

（2）建立主文档

"主文档"就是文档中固定不变的主体内容，即模板文件，比如信封中的落款、信函中的对每个收信人都不变的内容等。使用邮件合并之前先建立主文档是一个很好的习惯，一方面可以考查预计中的工作是否适合使用邮件合并，另一方面是主文档的建立为数据源的建立或选择提供了标准和思路。

（3）邮件合并

完成前两步，就可以将数据源中的相应字段合并到主文档的固定内容中了，表格中的记录行数决定着主文件生成的份数。

整个合并操作过程将利用"邮件合并向导"进行，使用非常轻松容易。

① 打开主文档，切换至"邮件"功能区，单击"开始邮件合并"下拉列表，选择"信函"。

② 单击"选择收件人"下拉列表，选择"使用现有列表"。

③ 选择之前创建的数据源表，并在弹出的窗口中选择数据所在的"工作表"，如图 3-74 所示，单击"确定"按钮。

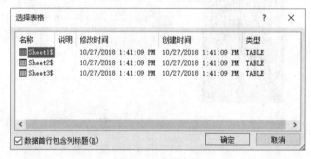

图 3-74　选择表格

④ 此时单击"插入合并域"下拉列表，数据源中的字段就出现在列表中了。将光标放置在需插入可变信息的位置，选择相应字段，该字段即可插入到文档中。以此类推，插入所有字段。如图 3-75 所示。

如果对插入的信息进行条件限制，可单击"规则"设置。如对性别与称谓建立关系，操作方法如下。

单击"规则"下拉列表中的"如果…那么…否则…"命令，如图 3-76 所示。

在弹出的"插入 Word 域：IF"对话框中的"域名"下拉列表框中选择"性别"，在"比较条件"下拉列表框中选择"等于"，在"比较对象"文本框中输入"男"，在"则插入此文字"文本框中输入"先生"，在"否则插入此文字"文本框中输入"女士"。

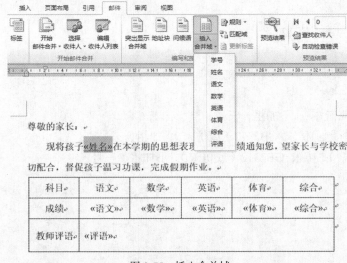

图 3-75　插入合并域

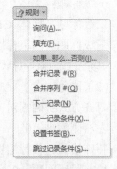

图 3-76　规则

最后单击确定。

⑤ 单击"预览结果",即可查看邮件合并后的效果,左右翻页即可依次显示出学生姓名及相应成绩。

⑥ 最后,单击"完成并合并"→"编辑单个文档",并在弹出的窗口中选择"全部"并单击"确定"。

3.6　常见排版格式

3.6.1　国家机关公文排版

国家行政机关公文格式是国家规定的行政机关公文的格式,规定了国家行政机关公文通用的纸张要求、印刷要求、公文中各要素排列顺序和标识规则。

1. 设置页面

(1)页边距:上 3cm、下 2.5cm、左 2.6cm、右 2.5cm。纸张方向:纵向。

(2)纸张:A4 型纸。排版规格:一般每面排 22 行,每行排 28 个字,并撑满版心。

2. 设置标题

(1)字体

主标题:华文小标宋简体或华文中宋、加粗、二号。

副标题:字体与主标题相同、不加粗、三号。

(2)段落

对齐方式:居中。

左右侧缩进:0。

特殊格式:无。

段前段后间距:0 行。

行距:固定值,28 磅。

（3）标题与正文间距

空一行，字号为五号，行距为最小值 12 磅。

3. 设置正文

（1）字体

一级标题：黑体、不加粗、三号。

二级标题：楷体_GB2312（或楷体）、不加粗、三号。

三级标题、四级标题、五级标题：仿宋_GB2312（或仿宋）、加粗、三号。

其余正文（不包括附件、落款）：仿宋_GB2312（或仿宋）、不加粗、三号。

（2）段落

对齐方式：两端对齐。

左右侧缩进：0。

特殊格式：首行缩进 2 字符。

段前段后间距：0 行。

行距：固定值，30 磅。

4. 设置页码

（1）一般情况

奇数页页码在页面底端居右空 1 字，偶数页页码在页面底端居左空 1 字。

页码编号格式为：-1-、-2-、-3-…

页码字体格式为：宋体、半角、四号。

（2）信函格式公文

首页不显示页码；只有 2 页的可以不标注页码，双面打印即可。3 页及以上的，从第 2 页开始标注页码。其他设置均与一般情况相同。

（3）注意事项

公文附件与正文一起排版装订时，页码应连续编排。

公文中间出现空白页时，空白页不编排页码。

5. 其他要求

（1）为了使版面整洁美观，全文编辑排版完毕后，应在段落做如下设置。

缩进和间距：左右缩进一律调整为 0 字符，段前段后间距一律调整为 0 行。

换行和分页：所有选项均不勾选。

中文版式：只勾选"按中文习惯控制首尾字符""自动调整中文与西文的间距""自动调整中文与数字的间距"，其他勾选全部取消。

（2）印刷

双面印制，中间一般不能有空白页。

（3）装订

左侧装订，两枚订书针均匀排布，分别位于上下约四分之一处。订书针与订口平行，标准距离为 3～5mm，一般不大于 10mm。

3.6.2　小报排版

1. 制作小报的版面布局

与许多报刊一样，小报版面最大的特点就是各篇文章（或图片）都是根据版面均衡协调的原则划分为若干"条块"进行合理设计，这就是版面布局，也叫版面设计。每篇文章分到某个条块后，再根据文章自身的特色进行细节编排。

版面布局可以用表格或文本框进行分割，给每篇文章划分一个大小合适的方格，然后把相应的内容放入对应的方格中。

2. 插入报头

标题相当于小报的眼睛，设计时需突出艺术性，做到美观协调，可以通过插入艺术字实现。

单击"插入"→"文本"→"艺术字"，选择一种艺术字样式，输入需设置艺术字的文字，设置美观协调的艺术字作为报头。

3. 设置文本框格式

选中文本框，单击"格式"→"形状样式"→"形状填充"按钮，设置填充背景。选中文本框，单击"格式"→"形状样式"→"形状轮廓"设置文本框轮廓。

4. 添加图片

在小报中插入赏心悦目的图片，可以大大丰富文档的视觉效果，为单调的文本增加亮色。

单击"插入"→"插图"→"图片"，打开"插入图片"对话框，在对话框中找到要插入的图片文件，单击"插入"按钮。选中插入的图片，单击"格式"选项卡"大小"按钮，打开"布局"对话框，选中"大小"选项卡，对图片进行大小调整；选中"文字环绕"选项卡，设置图片与文字的环绕方式。

编辑结束后的效果如图 3-77 所示。

图 3-77　效果图

3.6.3 合同排版

1. 输入劳动合同的内容

在 Word 中编辑和制作合同时，首先应该输入合同的内容。

合同文本内容录入完成后，可插入日期，鼠标光标定位到插入点，单击"插入"→"文本"→"日期和时间"命令，弹出"日期和时间"对话框，在"可用格式"列表中单击要插入的时间格式，然后单击"确定"按钮，如图 3-78 所示。

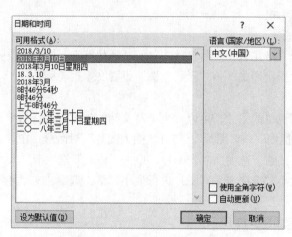

图 3-78 "日期和时间"对话框

2. 编排合同版式

文档内容录入完成后，接下来就要对合同进行格式的编排。

（1）设置文本格式

文本的格式设置包括设置字体、字形、颜色、字符间距等。常见设置如下。

标题文本：黑体、二号、加粗、黑色。

正文文本：华文仿宋、小四号、黑色。

（2）设置段落的格式

设置文档中的标题文字为居中、设置段落为首行缩进 2 字符、设置段间距为段前段后 0.2 行、设置行间距为固定值 20 磅。

（3）设置页面格式

设置页边距上下为 2 厘米、左右为 3 厘米。

（4）设置页眉和页脚

页眉内容输入"合同书"。页脚设置"X/Y"格式页码，单击"关闭页眉和页脚"按钮，退出页眉页脚编辑状态。

3. 打印预览

在打印预览中可以看到整体效果，如图 3-79 所示。

3.6.4 宣传单排版

1. 设置页面格式和页面背景

制作宣传单需要设置页面格式和页面背景等，具体操作步骤如下。

（1）页面格式设置

制作精美的宣传单，需要设置纸张大小，尽量方便客户阅读与携带。具体操作方法如下。

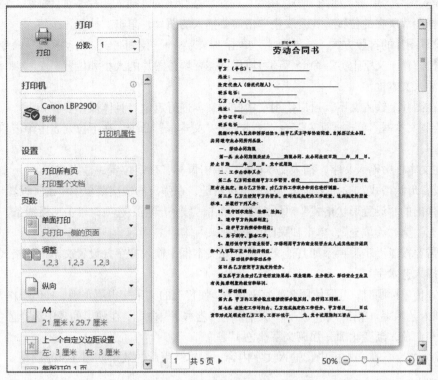

图 3-79　打印预览

① 设置纸张大小，单击"页面布局"→"页面设置"→"纸张大小"命令，选择需要的纸张，如 A5 纸。

② 设置纸张边距，单击"页面布局"→"页面设置"→"页边距"命令，如"普通"。

（2）设置页面背景

制作精美的宣传单，可以应用填充背景的方法添加颜色。单击"页面背景"→"页面颜色"命令，在弹出的下拉列表中选择颜色，如"白色，背景 1，深色 15%"。

2．添加宣传单的组成元素

宣传单由图片、形状、文本框、文字、艺术字等基本元素构成，可以制作各式各样的宣传单。下面我们制作一个由图片、形状、文本框、文字、艺术字组成的宣传单。

（1）插入形状

为使整个版面看起来效果更好，需要插入形状，使宣传单更具有层次感，具体操作步骤如下。

① 选择形状样式，单击"插入"→"插入"→"形状"命令，在下拉列表中选择插入的形状。

② 创建形状，确定插入形状的位置，按下鼠标左键拖动，直至适合的形状大小释放鼠标即可。

③ 填充颜色，选择形状，单击"格式"→"形状样式"→"形状填充"命令，在下拉列表中选择填充颜色。

④ 输入文字，选择形状，单击鼠标右键，在快捷菜单中选择"添加文字"，在插入光标处输入文字，根据需要设置文字的字体格式。

（2）插入图片

这使宣传单更具有说服力，在制作时需要插入图片，具体操作步骤如下。

① 插入图片。单击"插图"→"图片"命令，在弹出的"插入图片"对话框中，在"查找范围"中选择图片所在的位置，在列表中单击需要插入的图片，单击"插入"按钮。

② 设置图片的排版方式。选择图片，单击"格式"→"排列"→"自动换行"命令，在下拉列表中单击"浮于文字上方"命令，还可以根据需要调整图片的大小和位置。

（3）插入文本框

需要在图片上输入文字，可以使用文本框对文本进行定位。具体操作步骤如下。

① 绘制文本框。单击"插入"→"文本"→"文本框"命令，在下拉列表中单击"绘制文本框"命令。

② 在文本框中输入文字。插入文本框后，单击鼠标，确定位置，输入文字。

③ 设置形状格式。选择文本框，单击鼠标右键，在弹出的快捷菜单中单击"设置形状格式"命令，在弹出的"设置形状格式"对话框中，单击"线条颜色"选项，单击"无线条"选项，并设置"填充"为"无填充"，单击"关闭"按钮。

根据需要按以上步骤再添加其他文本框，在文本框中输入文字并设置文本框的格式。

（4）插入艺术字

制作宣传单标题时，可以使用艺术字来设置，使普通的文字变得更美观，具体操作方法如下。

① 插入艺术字。单击"插入"→"文本"→"艺术字"命令，在弹出列表中选择艺术字样式，如"填充—白色，渐变轮廓—强调文字颜色1"。

② 输入文字。在文本框中，输入文字内容。编辑结束后的效果如图3-80所示。

图3-80　效果图

第4章 Excel 2010 电子表格软件

4.1 工作表的建立与编辑

4.1.1 工作簿和工作表的基本操作

1. 工作簿

工作簿的基本操作包含创建工作簿、保存工作簿、打开工作簿。

（1）启动 Excel 2010，Excel 将自动创建一个空白工作簿。

（2）单击"文件"→"保存/另存为"命令，选择保存位置，输入文件名称，单击"保存"按钮，即可完成保存操作。

（3）单击"文件"→"打开"命令，在弹出的对话框中选择所需的工作簿，单击"打开"按钮即可打开工作簿；也可通过双击方式打开已存储的 Excel 文件。

2. 工作表

对工作表的基本操作包含插入工作表、删除工作表、重命名工作表、移动或复制工作表等。

（1）插入工作表

单击"开始"→"插入"→"插入工作表"，或单击工作表右侧的新建标签 ，即可插入新工作表，如图 4-1 所示。

（2）删除工作表

单击"开始"→"单元格"→"删除"→"删除工作表"，或在工作表标签上单击鼠标右键，在弹出的快捷菜单上单击"删除"命令即可删除工作表，如图 4-2 所示。

（3）移动或复制工作表

Excel 工作表可以在一个或多个工作簿中移动或复制。如果需将工作表复制或移动到不同的工作簿，需同时打开目标工作簿。复制或移动工作表时，需选中一个或多个工作表，在工作表标签上单击鼠标右键，在弹出的快捷菜单上点击"移动或复制"命令，打开"移动或复制工作表"对话框，选择目标工作簿名称，选择工作表插入的位置，单击"确定"按钮完成工作表移动。如需复制工作表，选中"建立副本"，如图 4-3 所示。

（4）重命名工作表

重命名工作表可单击"格式"→"工作表"→"重命名"命令，在工作表标签颜色变黑后，输入新的名称即可；也可通过在工作表标签上单击鼠标右键，在弹出的快捷菜单上单击"重命名"

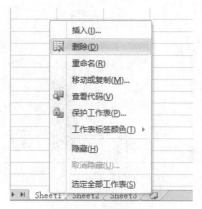

图 4-1　插入工作表　　　　　　　　　　　图 4-2　删除工作表

命令，在工作表标签颜色变黑后，输入新的工作表名称。

（5）隐藏工作表

Excel 有隐藏工作表功能。如果某些工作表不希望被他人看到，可以将工作表隐藏起来。隐藏工作表可通过在希望隐藏的工作表标签上单击鼠标右键，在弹出的快捷菜单上单击"隐藏"命令。如需取消隐藏，在工作表标签上单击鼠标右键，在弹出的快捷菜单上单击"取消隐藏"命令，在弹出的"取消隐藏"对话框中选择需取消隐藏的工作表，然后单击"确定"按钮。

（6）保护工作表和工作簿

Excel 的保护工作表功能可保护工作表及锁定的单元格内容，单击"审阅"→"保护工作表"命令可进行工作表的单元格权限设置，如图 4-4 所示。

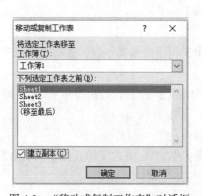

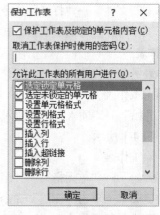

图 4-3　"移动或复制工作表"对话框　　　　　图 4-4　"保护工作表"对话框

Excel 的保护工作簿功能可保护工作簿的结构和窗口，单击"审阅"→"保护工作簿"命令可进行工作簿的权限设置。

有时我们需要对 Excel 中的一些数据或者表格进行加密，使其在有限的范围内传送，这时我们可设置工作簿的"打开文件"权限和"编辑文件"权限，只有输入密码才能打开或者编辑 Excel 工作簿。

设置方法如下。

单击"文件"→"另存为"命令，打开"另存为"对话框，如图 4-5 所示。

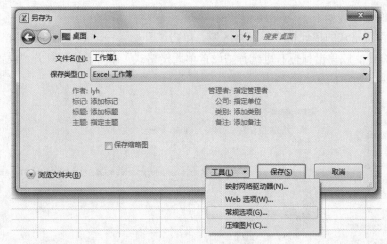

图 4-5 "另存为"对话框

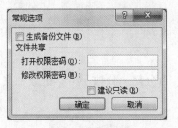

图 4-6 设置密码

单击"工具"→"常规选项"命令，打开"常规选项"对话框，即可设置打开权限密码和修改权限密码，如图 4-6 所示。

3. 单元格

单元格的基本操作包括选定单元格、编辑单元格。

（1）选定单元格

选定一个单元格：在该单元格上单击鼠标即可。

选定一行：单击行标的数字。

选定一列：单击列标的字母。

选定连续的多行：可在行标上拖动鼠标。

选定连续的多列：在列标上拖动鼠标。

选定一定范围的连续单元格：可单击该范围内的第 1 个单元格，按住"Shift"键，再单击该范围内的最后一个单元格；也可拖动鼠标，选定某一范围内的单元格。

选定非连续单元格：可单击第 1 个单元格，按住"Ctrl"键，选取后面的单元格或单元格范围。

全选：可用"Ctrl+A"组合键；也可单击位于行标 1 上方、列标 A 左侧的全选符号 。

（2）编辑单元格

在 Excel 中，选定一行（列）或多行（列），在行标或列标上单击鼠标右键，即可在弹出的快捷菜单上选择剪切、复制、选择性粘贴、插入、删除、清除内容、设置单元格格式、行高等操作，如图 4-7 所示。

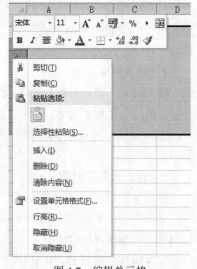

图 4-7 编辑单元格

4.1.2 数字格式与数据输入

Excel 本质上是一个二维表，Excel 数据录入即是在单元格中输入数据。单击选中目标单元格后，即可开始输入数据；双击目标单元格，单元格中就会插入光标，即可开始修改、删除数据。输入单元格的数据格式需根据数据类型进行设置。

格式设置操作步骤如下。

选择需要设置格式的单元格或单元格区域，单击"开始"→"单元格"→"格式"→"设置单元格格式"命令，或单击鼠标右键选择"设置单元格格式"命令，均可打开"设置单元格格式"对话框，如图 4-8 所示。

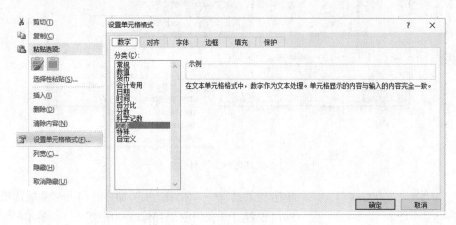

图 4-8 "设置单元格格式"对话框

数字分类包括：常规、数值、货币、会计专用、日期、时间、百分比、分数、科学记数、文本、特殊、自定义等格式类型。

1. 输入文本

文本包括汉字、英文字母、特殊符号、数字、空格以及其他符号。

Excel 中，输入账号、身份证号、邮政编码及以"0"开头的序号等以文本格式存放、不参与运算的特殊数字，可输入英文"'"号为前导符，再输入数字。

单击"设置单元格格式"→"数字"→"分类"命令，设置单元格格式为"文本"类型，再输入数字。

2. 输入数字

输入分数，需在分数前输入"0"，并且"0"和分子之间用空格间隔，否则会被识别为日期型数据，例如，要输入分数"4/5"，需输入"0 4/5"。

输入负数，可在数字前加"−"号，也可将数字置于"( )"中，例如，"−1"和"(1)"均表示−1。

3. 输入日期和时间

输入日期时，可以用"/"或"−"间隔年、月、日，尽量采用 4 位的年份。

单击"设置单元格格式"→"数字"→"分类"命令，设置单元格格式为"日期"，选择一种日期格式，如图 4-9 所示。

快速输入当前日期，可使用"Ctrl+;"组合键；快速输入当前时间，可使用"Ctrl+Shift+;"组合键。

4. 输入公式、符号

Excel 中，输入公式可通过单击"插入"→"符号"→"公式"命令完成，如图 4-10 所示。

Excel 中，输入符号可通过单击"插入"→"符号"→"符号"命令完成。符号又分为"符号"和"特殊字符"，如图 4-11 所示。

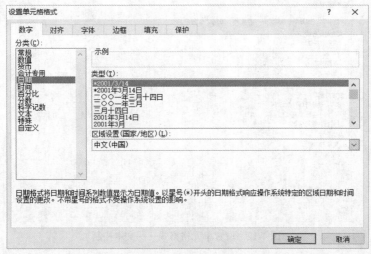

图 4-9　设置单元格格式——日期

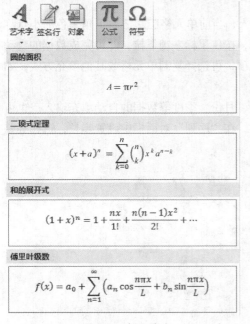

图 4-10　插入公式

图 4-11　插入符号

5. 输入多行数据

Excel 中，单元格内数据换行，需勾选"设置单元格格式"→"对齐"→"自动换行"，如图 4-12 所示。也可在需换行的位置按"Alt+Enter"组合键强制换行。

6. 多个单元格输入相同数据

Excel 中，如需在多个单元格输入相同的数据，可选中多个单元格，在第 1 个单元格内输入数据，按"Ctrl+Enter"组合键完成选中单元格的数据输入。

如，学籍数据中会重复出现多个相同的性别、政治面貌等信息，首先按住"Ctrl"键，不连续选中需输入性别为"女"的单元格，然后在第 1 个单元格输入"女"，按"Ctrl+Enter"组合键完成全部性别为"女"的数据录入。

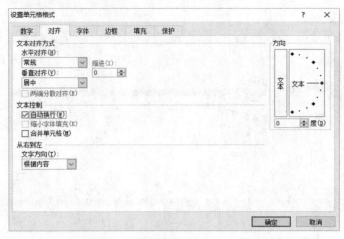

图 4-12　设置单元格格式——文本控制

4.1.3　数据填充

Excel 中，有规律的数据可采用自动填充方式输入，当前单元格 ⬚⬚⬚⬚ 右下角黑色的小点称作填充柄，鼠标指针移动到该点，变为实心十字光标，按住鼠标左键下拉，即可完成数据的自动填充。填充区域的右下角出现填充选项，单击展开选项，可选择复制单元格或其他填充方式，如图 4-13 所示。

采用 Excel 的自动填充可完成序号、日期、星期、月份、季度等数据的自动填充输入；也可单击"开始"→"编辑"→"填充"→"系列"命令，在"序列"对话框中设置步长，选择等差序列、等比序列填充，如图 4-14 所示。

图 4-13　自动填充

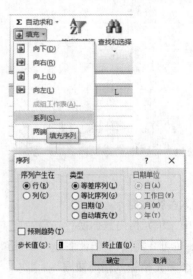

图 4-14　"序列"对话框

4.1.4　选择性粘贴

在 Excel 2010 工作表中，用户可以使用"选择性粘贴"命令，有选择地粘贴剪贴板中的数值、格式、公式、批注等内容，使复制和粘贴操作更灵活。

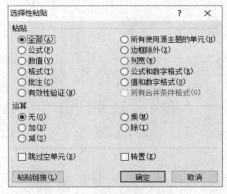

图 4-15 "选择性粘贴"对话框

使用"选择性粘贴"命令的操作步骤如下。

（1）选中需要复制的单元格区域，右键单击被选中的区域，在打开的快捷菜单中选择"复制"命令。

（2）选中目标粘贴位置，右键单击该区域左上角的单元格，然后在打开的快捷菜单中选择"选择性粘贴"命令，打开图 4-15 所示的"选择性粘贴"对话框。

选择性粘贴的使用案例如下。

1. 选择性粘贴——乘

成绩误输入为文本类型，快速转换为数值类型，可以通过"选择性粘贴——乘"实现。

在空白单元格输入数值型数据"1"，复制"1"，选择文本类型的成绩区域，单击鼠标右键，单击"选择性粘贴"，在"运算"中选"乘"，单击"确定"按钮，即可完成转换。

2. 选择性粘贴——减

快速比较两次报表的数据变化，可通过"选择性粘贴——减"实现，如快速比较两月销售额的变化情况。

复制第 1 次报表数据，选择第 2 次报表数据区域左上角的单元格，单击鼠标右键，单击"选择性粘贴"，在"运算"中选"减"，单击"确定"按钮，即可计算出两次报表的差值，差值不为0 时为变化数据。

3. 选择性粘贴——加

快速实现基本工资涨 500，可通过"选择性粘贴——加"实现。

在空白单元格输入数值型数据"500"，复制"500"，选择目标区域，单击鼠标右键，单击"选择性粘贴"，在"运算"中选"加"，单击"确定"按钮，即可完成操作。

4. 选择性粘贴——转置

快速实现数据行列交换，可通过"选择性粘贴——转置"实现。

复制数据，选择目标区域，单击鼠标右键左上角的单元格，单击"选择性粘贴"，选"转置"，单击"确定"按钮，即可完成数据行列交换。

4.1.5 修饰工作表

1. 设置对齐方式

单击"设置单元格格式"→"对齐"选项卡，即可打开图 4-16 所示的对话框。

"文本对齐方式"可设置文本的水平、垂直对齐方式。一般情况下，单元格内容较少时可选择居中对齐，内容较多时，选择左对齐。

"本文控制"可设置自动换行、缩小字体填充和合并单元格。

"文字方向"可设置内容从左到右显示还是从右到左显示。

"方向"可设置内容在单元格内水平、垂直或以任意角度显示。

2. 设置单元格字体

"开始"选项卡→"字体"组提供了常用的单元格字体格式设置工具按钮，方便用户进行字体格式设置，如图 4-17 所示。

也可以将"设置单元格格式"对话框切换到"字体"选项卡，可设置文本的字体、字形、字号、下划线、颜色和特殊效果，如图 4-18 所示。

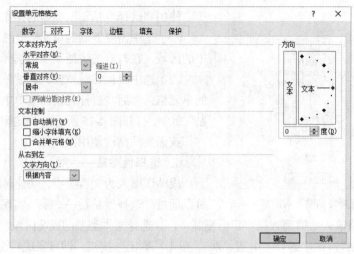

图 4-16　设置单元格格式——对齐

图 4-17　设置字体

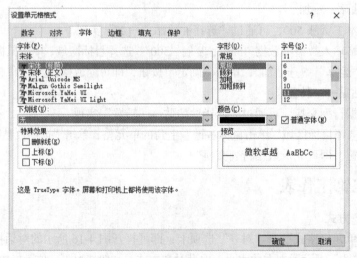

图 4-18　设置单元格格式——字体

单击"下划线"右侧的下拉箭头，可选择下划线类型；"特殊效果"栏中可设置删除线、上标、下标效果。

3. 设置行高、列宽

Excel 中，工作表默认行高为 14.25，列宽为 8.28，适当调整工作表的行高和列宽，可以使表格打印或打印预览更加美观，增加表格内容的可读性。

设置行高时，选定需设置的一行或多行，将鼠标指针移动到行号数字间的边框上，指针形状变为上下双向箭头，拖动鼠标调整行高；或单击鼠标右键，在弹出的快捷菜单上选择"行高"命令，输入行高值调整。

单击"开始"→"单元格"→"格式"→"自动调整列宽"命令；或全选表格，将鼠标指针移动到列标字母间的边框上，指针形状变为左右双向箭头，双击鼠标，自动调整列宽。

4. 设置单元格边框

"开始"选项卡→"字体"组提供了边框工具按钮 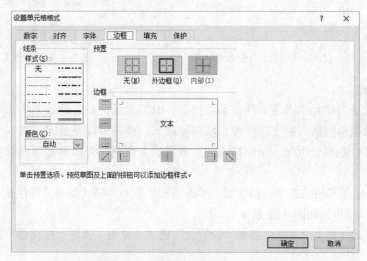　，方便用户进行简单边框设置。如需设置复杂边框效果，将"设置单元格格式"对话框切换到"边框"选项卡，选择"线条"样式、颜色、"边框"类型进行设置，如图 4-19 所示。

图 4-19　设置单元格格式——边框

5. 设置单元格填充效果

将"设置单元格格式"对话框切换到"填充"选项卡，选择背景色、图案颜色、图案样式，设置填充效果，如图 4-20 所示。

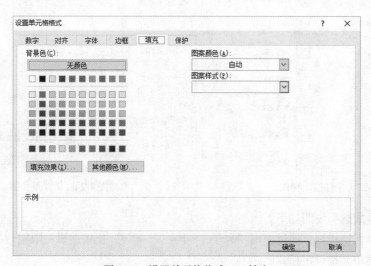

图 4-20　设置单元格格式——填充

6. 单元格保护

将"设置单元格格式"对话框切换到"保护"选项卡，可以为单元格设置保护，防止非法修改，如图 4-21 所示。

4.1.6 样式

Excel 为用户提供了"条件格式""套用表格格式"与"单元格样式"等多种样式。单击"开始"→"样式"命令，可设置与修改样式，如图 4-22 所示。

图 4-21　设置单元格格式——保护　　　　图 4-22　样式

1. 条件格式

条件格式就是当单元格满足某种或某几种条件时，显示为设定的单元格样式。简单来说，条件格式就是根据单元格内容有选择地自动应用格式。条件可以是公式、文本、数值。在有大量的数据需要进行观察分析时，条件格式的设置可以方便我们更简单直观地对数据做出比较，得出结果。

选中需要设定条件格式的单元格区域，单击"开始"→"样式"→"条件格式"命令，弹出"条件格式"下拉菜单，如图 4-23 所示。

选择条件格式样式，设置条件值和"设置为"格式，单击"确定"按钮即可完成，如图 4-24 所示。

图 4-23　条件格式样式

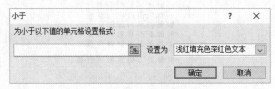

图 4-24　设置条件值

条件格式样式选项说明如下。

突出显示单元格规则：通过使用"大于""小于""等于"比较运算符限定数据范围，对属于该数据范围内的单元格设定格式。

项目选取规则：可以将选定区域的前若干个最高值或后若干个最低值、高于或低于该区域的平均值的单元格设定为特殊格式。

数据条：数据条可帮助读者查看某个单元格相对于其他单元格的值，数据条的长度代表单元格中的值。在比较各个项目的多少时，数据条尤为有用。

色阶：通过颜色渐变来直观地比较单元格中的数据分布和数据变化。

图标集：使用图标集对数据进行注释，每个图标代表一个值的范围。

2. 套用表格格式

打开需要套用格式的工作表，单击"开始"→"样式"→"套用表格格式"命令，选择表格格式，打开"套用表格格式"对话框，设置"表数据的来源"区域，设置是否包含标题，单击"确定"按钮即可完成表格格式套用，如图 4-25 所示。

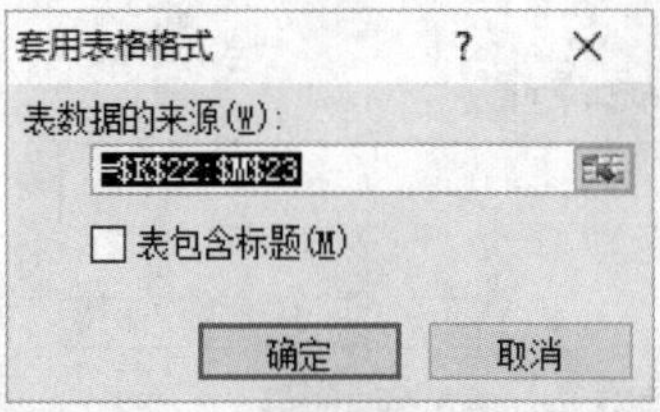

取消套用表格格式时，单击套用后的表格，切换到"设计"，单击"转换为区域"即可。

3. 单元格样式

选中目标单元格，单击"开始"→"样式"→"单元格样式"命令，弹出"单元格样式"下拉菜单，选择单元格样式，即可完成，如图 4-26 所示。

图 4-25　套用表格格式

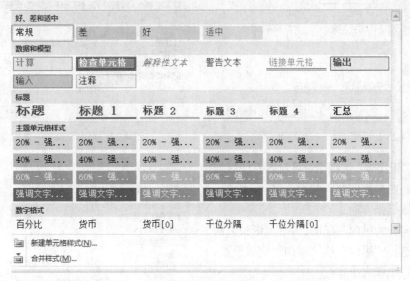

图 4-26　单元格样式

4.1.7　打印工作表

1. 打印设置

Excel 并不是"所见即所得"的，因此，在准备打印和输出工作表之前，需进行相应的设置。

单击"页面布局"选项卡，在"页面设置"和"调整为合适大小"组中进行设置，如图 4-27所示。

图 4-27　打印设置

（1）设置页边距

单击"页面设置"→"启动器"按钮，弹出"页面设置"对话框，在"页边距"选项卡中，可设置上、下、左、右页边距，如图 4-28 所示。

切换到"页眉/页脚"选项卡，单击页眉、页脚右侧的下拉箭头可设置页眉和页脚，也可单击"自定义页眉""自定义页脚"进行自定义设置，如图 4-29 所示。

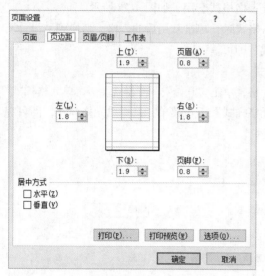

图 4-28　页面设置——页边距

图 4-29　页面设置——页眉/页脚

切换到"工作表"选项卡，可设置打印区域、顶端标题行、左端标题列，如图 4-30 所示。

（2）设置纸张方向

纸张方向分为纵向和横向，单击"纸张方向"下拉箭头，选择"纵向"或"横向"完成设置。

（3）设置纸张大小

单击"纸张大小"下拉箭头，可选择纸张大小。

（4）设置缩放比例

单击"页面布局"→"调整为合适大小"→"缩放比例"右侧的微调按钮，或者在"缩放比例"右侧的小方框内输入数字，可设置放大和缩小Excel 的工作表比例。

图 4-30　页面设置——工作表

Excel 可设置工作表缩小到正常尺寸的 10%，也可放大到正常尺寸的 400%。通过设置缩放比例，可不用调整工作表格式，直接按不同纸张大小输出文档。例如，排版完成的 A4 幅面工作表，只需调整缩放比例为 150%，即可直接在 A3 幅面打印输出。

（5）冻结窗格

鼠标单击要冻结的第几行第几列单元格的下一行下一列单元格的交集单元格，单击"视图"→"冻结窗格"→"冻结拆分窗格"，即可冻结窗口的某几行某几列窗口，如图 4-31 所示。

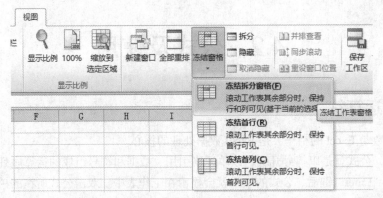

图 4-31 冻结窗格

冻结首行或首列，可选中 A1 单元格，单击"视图"→"冻结窗格"→"冻结首行"/"冻结首列"即可。

取消冻结，单击"视图"→"冻结窗格"→"取消冻结窗格"，设置就取消了。

2. 打印

单击"文件"→"打印"命令，选择打印机，查看打印预览效果并进行打印设置，预览效果满意后单击"打印"命令，即可打印，如图 4-32 所示。

图 4-32 打印

4.2 公式及使用

4.2.1 运算符

公式与函数是 Excel 的精华，是 Excel 数据处理的核心。

简单来说，公式就是以等号开头，以单元格引用、数据和符号组成的运算序列。在单元格中输入公式并按"Enter"键后，公式的结果就会显示在工作表中。双击公式所在的单元格，可编辑和查看公式。

1. 运算符

Excel 中，运算符可分为 4 类：算术运算符、比较运算符、文本运算符和引用运算符。

（1）算术运算符

算术运算符可完成基本的算术运算，包括加（+）、减（-）、乘（*）、除（/）、乘方（^）、百分号（%）等。如："=A1*10""=5^2""=A2/100"。

（2）比较运算符

比较运算符用于比较两个数值或单元格引用，并产生逻辑值 True 和 False，包括等于（=）、大于（>）、小于（<）、大于等于（>=）、小于等于（<=）、不等于（<>）等。如："=3=5""=A2>10""=A1<>0"。比较运算符多用于"if"函数中的逻辑判断。

（3）文本运算符

文本运算符"&"用于连接一个或多个文本字符串，以生成一段文本。当用"&"连接数字或单元格引用时，数字串、单元格引用不加双引号，但对于连接字母、字符串和文本时，字母、字符串和文本必须加英文双引号。如："="中国语言文学"&"系"""=A3&"元"""=1000&"克""。

（4）引用运算符

引用运算符可以将单元格区域合并运算，包括区域运算符（:）、联合运算符（,）、交叉运算符（空格）。联合运算符即两个区域运算符的并集，交叉运算符即两个区域运算符的交集，如："=Sum（A2:A10）"，运算结果为 45；"=Sum（A2:A10,B2:B10）"，运算结果为 63；"=Sum（A2:A10 A2:B6）"，运算结果为 15，如图 4-33 所示。

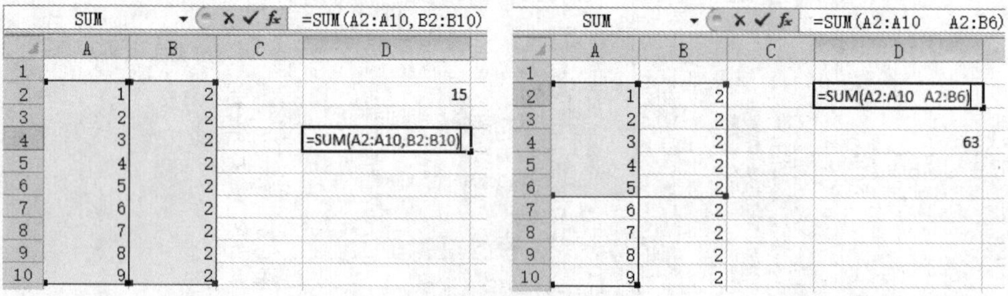

图 4-33 联合运算与交叉运算

2. 运算顺序

对于同级运算，可直接从等号开始从左到右运算。当公式中同时包含算术运算符、比较运算符、文本运算符和引用运算符中两种及以上运算时，就存在运算的先后顺序问题。常用运算符的

优先级由高到低依次为：引用运算符（区域运算符→联合运算符→交叉运算符）→负号→百分比
→乘方→乘、除→加、减→文本运算符→比较运算符。

4.2.2　公式的基本操作

1. 建立公式

建立公式时，选择要输入公式的单元格，先输入 "="，然后输入计算表达式，按 "Enter" 键
完成公式的输入。

2. 修改公式

修改公式时，单击需要修改公式的单元格，在编辑栏中对公式进行修改，按 "Enter" 键完成
修改。

3. 公式的复制与移动

复制或移动公式时，可复制或剪切公式单元格，在目标单元格单击鼠标右键，单击 "选择性
粘贴" → "公式"，完成公式的复制或移动。需在单元格区域输入同一公式时，手动输入第 1 个公
式，将鼠标指针移动到填充柄位置，按住鼠标左键下拉完成自动填充。

4.2.3　单元格引用

Excel 中，每个单元格都有自己的行、列坐标，通过单元格地址来引用单元格中的数据，称
之为单元格引用。引用的作用在于标识工作表上的单元格或单元格区域，并告知 Excel 在何处查
找要在公式中使用的值或数据。根据引用单元格的公式被复制时，新公式引用的单元格位置是否
发生改变，可将引用类型分为相对引用、绝对引用和混合引用。

1. 相对引用

相对引用：引用格式形如 "A1"。这种对单元格的引用是完全相对的，当引用单元格的公式
被复制时，新公式引用的单元格的位置将会发生改变。例如：我们在单元格 A1 ~ A5 中输入数值
"1" "2" "3" "4" "5"，然后在单元格 B1 中输入公式 "=A1*2"，最后把 B1 单元格中的公式分别
复制到 B2 至 B5，则会发现 B2 至 B5 单元格中的结果均等于对应左侧单元格的数值乘以 2。

2. 绝对引用

绝对引用：引用格式形如 "$A$1"。这种对单元格引用的方式是完全绝对的，即一旦成为绝
对引用，无论公式如何被复制，对采用绝对引用的单元格的引用位置是不会改变的。例如：我们
在单元格 A1 ~ A5 中输入数值 "1" "2" "3" "4" "5"，然后在单元格 B1 中输入公式 "=$A$1*2"，
最后把 B1 单元格中的公式分别复制到 B2 至 B5 处，则会发现 B2 至 B5 单元格中的结果均等于
A1 单元格的数值乘以 2。

3. 混合引用

混合引用具有绝对列和相对行，或是绝对行和相对列。绝对引用列采用$A1、$B1 等形式；
绝对引用行采用 A$1、B$1 等形式。如果公式所在单元格的位置改变，则相对引用改变，而绝对
引用不变。如果多行或多列地复制公式，相对引用自动调整，而绝对引用不做调整。例如，如果
将一个混合引用从 A1 复制到 B1，它将从=A$1 调整到=B$1。

在 Excel 中输入公式时，只要正确使用 "F4" 键，就能简单地对单元格的相对引用和绝对引
用进行切换。例如，某单元格所输入的公式为 "=SUM（B4:B8）"。选中整个公式，按下 "F4" 键，
该公式内容变为 "=SUM（$B$4:$B$8）"，表示对横、纵行单元格均进行绝对引用。第 2 次按下 "F4"
键，公式内容又变为 "=SUM（B$4:B$8）"，表示对横行进行绝对引用，纵行相对引用。第 3 次按

下"F4"键，公式则变为"=SUM（$B4:$B8）"，表示对横行进行相对引用，对纵行进行绝对引用。第 4 次按下"F4"键时，公式变回到初始状态"=SUM（B4:B8）"，即对横行纵行的单元格均进行相对引用。

4. 跨工作表引用

跨工作表引用，需在单元格地址前加上工作表名称，工作表名称与单元格地址之间用"!"间隔即可。例如，"=sheet1!A2+sheet2!A2"。

引用其他工作簿中的单元格被称为链接或外部引用。外部引用有两种显示方式，具体取决于引用源工作簿是打开还是关闭的。

源工作簿打开时，引用格式为：[工作簿名称]工作表名称!单元格（单元格范围）。如，引用 book1 工作簿中 sheet1 工作表的 C10:C25 范围求和，可输入"=SUM（[book1.xlsx]sheet1!C10:C25）"。

源工作簿未打开时，外部引用应包括完整路径，工作表或工作簿名称中包含字母时，文件名（或路径）必须置于单引号中。例如，以上函数可输入为"=SUM（'D:\Reports\[book1.xlsx]sheet1'!C10:C25）"。

4.2.4 公式案例

如图 4-34 所示的销售订单明细表中，存放了近期图书销售明细。其中，小计=单价×销量，折后小计=小计×优惠折扣。

	A	B	C	D	E	F
1		销售订单明细表				
2				优惠折扣	75%	
3	订单编号	图书名称	单价	销量（本）	小计	折后小计
4	BTW-08001	《计算机基础及MS Office应用》	36	346	12456	9342
5	BTW-08002	《嵌入式系统开发技术》	44	56	2464	1848
6	BTW-08003	《操作系统原理》	39	41	1599	1199.25
7	BTW-08004	《MySQL数据库程序设计》	40	69	2760	2070
8	BTW-08005	《MS Office高级应用》	39	32	1248	936
9	BTW-08006	《网络技术》	43	300	12900	9675
10	BTW-08007	《数据库技术》	41	89	3649	2736.75
11	BTW-08008	《软件测试技术》	36	269	9684	7263
12	BTW-08009	《计算机组成与接口》	40	43	1720	1290
13	BTW-08010	《计算机基础及Photoshop应用》	34	90	3060	2295
14	合计			1335	51540	38655

图 4-34 公式使用案例

计算小计，可在 E4 单元格中输入公式：=C4*D4。

按"Enter"键后完成小计计算，鼠标指针移动到填充柄，下拉完成公式填充。

计算折后小计，可在 F4 单元格中输入公式：=E4*$E$2。

按"Enter"键后完成折后小计计算，鼠标指针移动到填充柄，下拉完成公式填充。

4.3 常用函数及使用

4.3.1 函数概述

函数是预定义的公式，可用于执行简单或复杂的计算。函数的结构以等号（＝）开始，后面紧跟函数名称和左括号，然后以逗号分隔输入该函数的参数，最后是右括号。大多情况下，函数返回的是计算结果，也可返回文本、引用、逻辑值、数组或工作表的信息。灵活运用函数可方便地进行数据处理，提高工作效率。

1. 函数分类

Excel 函数其实是一些预定义的公式，它们使用一些称为参数的特定数值按特定的顺序或结构进行计算。Excel 函数一共有 11 类，分别是财务函数、日期与时间函数、数学和三角函数、统计函数、查询和引用函数、数据库函数、文本函数、逻辑函数、信息函数、工程函数以及用户自定义函数。

2. 输入函数

Excel 函数的一般形式为：

=函数名(参数 1,参数 2,…)

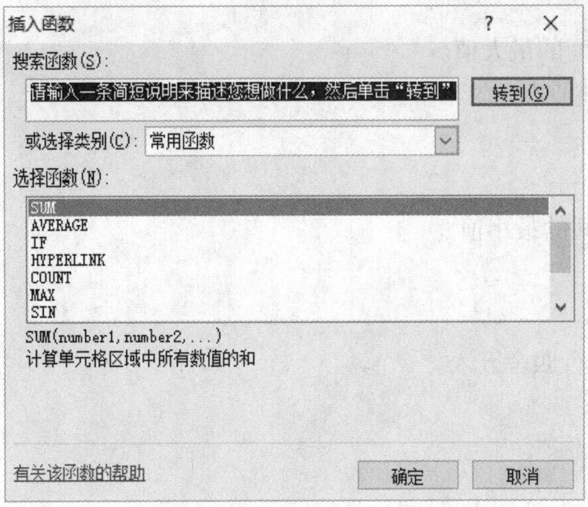

函数可手工输入，也可使用函数向导输入。

手工输入时，选择目标单元格，输入"="，再输入函数名及参数，参数放于"( )"中跟在函数名后面，多个参数之间以","间隔。

使用函数向导输入时，选择目标单元格，单击"公式"→"插入函数"，打开"插入函数"对话框，如图 4-35 所示。

输入一条简短说明搜索函数，然后单击"转到"，或从"或选择类别"中选择函数类别，单击"选择函数"列表中的函数名称，单击"确定"按钮，打开"函数参数"对话框，如图 4-36 所示。

图 4-35　"插入函数"对话框

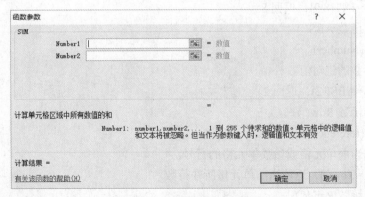

图 4-36　"函数参数"对话框

设置好函数参数，单击"确定"按钮完成函数的输入。

4.3.2　定义名称

定义名称，就是为一个区域、常量值或者数组定义一个名称。这样，在编写公式时可以用所定义的名称进行编写。

单击"公式"→"定义的名称"→"定义名称"，打开"新建名称"对话框，输入名称，确定引用位置，然后单击"确定"按钮即可。例如，为 D2:D7 定义名称"语文"，在"新建名称"对话框中输入名称：语文，引用位置选择范围输入：=sheet1!$D$3:$D$8。

定义名称前，输入：=Max(D2:D7)，即可返回 D2:D7 之间的最大值。

定义名称后，可输入：=Max(语文)完成。输入更加方便、直观。

单击"名称管理器"即可查看当前所有定义的名称，还可查看名称的引用范围是否正确。

4.3.3 常用函数及使用案例

1. 常用函数

（1）求最大值函数 Max( )

语法：Max(Number1,Number2,…)。

功能：返回一组值中的最大值。

应用实例：=Max(D2:D7)，返回 D2:D7 之间的最大值。

（2）求最小值函数 Min( )

语法：Min(Number1,Number2,…)。

功能：返回一组值中的最小值。

应用实例：=Min(D2:D7)，返回 D2:D7 之间的最小值。

（3）四舍五入函数 Round( )

语法：Round(Number,Num_digits)。

功能：按指定的位数 Num_digits 对参数进行四舍五入。

应用实例：=Round(45.145,2)，返回 45.15。

（4）向下取整函数 INT( )

语法：INT(Number)。

功能：将数字向下舍入到最接近的整数。

应用实例：=INT(8.9)，返回 8。

（5）绝对值函数 ABS( )

语法：ABS(Number)。

功能：求参数的绝对值。

应用实例：=ABS(-2)，返回 2。

（6）求行号函数 Row( )

语法：Row(reference)。

功能：返回当前单元格或参数单元格的行号。

应用实例：=Row( )，返回当前单元格所在行数。

（7）随机数函数 Rand( )

语法：Rand()。

功能：返回大于等于 0 及小于 1 的均匀分布随机实数，每次计算工作表时都将返回一个新的随机实数。

应用实例：=Rand( )，返回大于等于 0 及小于 1 的随机实数。

=INT(Rand( )*60+40)，返回 60～100 随机整数。

=INT(Rand( )*1980+40)，返回 1980～2020 随机整数。

2. 求和函数

（1）求和函数 Sum( )

语法：Sum(Number1, Number2,…)。

功能：返回参数或由参数给出的单元格区域的和。

参数：Number1、Number2…为 1 到 30 个数值（包括逻辑值和文本表达式）、区域或引用，各参数之间必须用逗号加以分隔。

应用实例：如图 4-37 所示，A1:F7 存放了**班成绩表数据，若要计算张三同学的总分，可以输入公式：=Sum(D2:F2)；输入：=Sum(D2:D7)，则返回语文的总分。其他计算结果如图 4-38 所示。

	A	B	C	D	E	F	G	H	I	J	K
1	学号	姓名	性别	语文	数学	英语	总分	平均分	名次	不及格门次	等级判断
2	001	张三	男	95	68	57	220	73.3	4	1	合格
3	002	李四	女	87	69	80	236	78.7	3	0	良好
4	003	王五	男	50	85	79	214	71.3	5	1	合格
5	004	赵六	男	92	89	95	276	92.0	1	0	优秀
6	005	孙七	女	86	94	64	244	81.3	2	0	良好
7	006	周八	男	81	57	71	209	69.7	6	1	合格

图 4-37　班级成绩表

	A	B	C	D
9	总人数计数	COUNTA( )	=COUNTA(B2:B7)	
10	最高分	MAX( )	=MAX(D2:D7)	
11	最低分	MIN( )	=MIN(D2:D7)	
12	条件计数	COUNTIF( )	=COUNTIF(D2:F7,">=90")	单科90分以上人数
13			=COUNTIF(D2:F7,">=80")-COUNTIF(D2:F7,">=90")	单科80~90分人数
14	条件求和	SUMIF( )	=SUMIF(C2:C7,"男",G2:G7)	性别为男的总分和
15	条件平均值	AVERAGEIF( )	=AVERAGEIF(C2:C7,"男",G2:G7)	性别为男的总分平均值
16	多条件求和	SUMIFs( )	=SUMIFS(G2:G7,C2:C7,"男",D2:D7,">90")	性别为男且语文成绩>=90分的总分和
17	多条件平均值	AVERAGEIFs( )	=AVERAGEIFS(G2:G7,C2:C7,"男",D2:D7,">90")	性别为男且语文成绩>=90分的总分平均值

图 4-38　成绩表相关计算

（2）条件求和函数 SumIF( )

语法：SumIF(range,criteria,sum_range)。

参数：range 是用于条件判断的单元格区域，criteria 是由数字、逻辑表达式等组成的判定条件，sum_range 为需要求和的单元格、区域或引用。

功能：按给定条件对符合条件的数据求和。

应用实例：如图 4-39 所示，A2:C11 存放了**学校社团报名情况统计数据，若要计算"文化类"社团总人数，可以输入公式：=SumIF(A2:A11,"文化类",B2:B11)。公式中，"A2:A11"为判断条件所在的单元格引用，"文化类"为判断条件，B2:B11 则是求和的单元格引用。

（3）多条件求和函数 SumIFs( )

语法：SumIFs(sum_range,criteria_range1,criteria1[,criteria_range2,criteria2]…)。

参数：sum_range 是要求和的一个或多个单元格，criteria_range1 是计算关联条件的第 1 个单元格区域，criteria1 是第 1 个求和的条件，criteria_range2 是计算关联条件的第 2 个单元格区域，criteria2 是第 2 个求和的条件。

功能：对区域中满足多个条件的单元格求和。

	A	B	C	D	E	F
	**学校社团报名情况统计表				文化类总人数：	=SUMIF(A3:A11,"文化类",B3:B11)
	社团	报名总人数	女生人数		女生超过10人的文化类总人数：	=SUMIFS(B3:B11,A3:A11,"文化类",C3:C11,">10")
	文化类	78	45		科技类平均人数：	=AVERAGEIF(A3:A11,"科技类",B3:B11)
	科技类	50	2		文化类平均人数：	=AVERAGEIF(A3:A11,"文化类",B3:B11)
	科技类	25	3		报名人数>40的平均人数：	=AVERAGEIF(B3:B11,">40",B3:B11)
	文化类	45	8		女生超过10人的文化类平均人数：	=AVERAGEIFS(B3:B11,A3:A11,"文化类",C3:C11,">10")
	文化类	32	8		科技类的社团数量：	=COUNTIF(A2:A11,"科技类")
	科技类	58	8		报名人数超过30的科技类的社团数量：	=COUNTIFS(A3:A11,"科技类",B3:B11,">30")
	科技类	20	6			
	文化类	26	20			
	科技类	36	16			

图 4-39　**学校社团报名情况统计

应用实例：如图 4-39 所示，要计算女生超过 10 人的"文化类"社团总人数，可以输入公式：=SUMIFS(B3:B11,A3:A11,"文化类",C3:C11,">10")，公式中 B3:B11 为求和的单元格引用；"A2:A11"为第 1 个判断条件所在的单元格引用，"文化类"为第 1 个判断条件；C3:C11 为第 2 个判断条件所在的单元格引用，">10"为第 2 个判断条件。

（4）积和函数 SumProduct( )

语法：SumProduct(array1,array2,array3…)。

功能：先计算出各个数组或区域内位置相同的元素之间的乘积，然后再计算出它们的和。

应用实例：计算两数组{1;2;3;4;5;6;7}，{1;2;3;4;5;6;7}的积和，可输入函数：=SumProduct({1;2;3;4;5;6;7}，{1;2;3;4;5;6;7})=1*1+2*2+3*3+4*4+5*5+6*6+7*7=140。

3. 平均值函数

（1）平均值函数 Average( )

语法：Average(Number1,Number2,…)。

功能：返回参数或由参数给出的单元格区域的平均值。

参数：Number1、Number2…为 1～30 个数值(包括逻辑值和文本表达式)、区域或引用，各参数之间必须用逗号加以分隔。

应用实例：如图 4-37 所示，若要计算张三同学的平均分，可以输入公式：=Average(D2:F2)。或输入公式：=Average(D2:D7)，返回语文成绩平均分。

（2）条件平均值函数 AverageIF( )

语法：AverageIF(range,criteria,Average_range)。

参数：range 是用于条件判断的单元格区域，criteria 是由数字、逻辑表达式等组成的判定条件，Average_range 为需要求平均值的单元格、区域或引用。

功能：按给定条件对符合条件的数据求平均值。

应用实例：计算女生总分平均值。

如图 4-37 所示，若要计算女生总分的平均值，可以输入公式：=AverageIF(C2:C7,"女",G2:G7)。公式中 C2:C7 为提供逻辑判断依据的单元格引用，"女"为判断条件，G2:G7 则是逻辑判断求平均值的对象。

或输入公式：=AverageIF(C2:C7,"女",D2:D7)，则返回女生语文成绩的平均值。

（3）多条件平均值函数 AverageIFs( )

语法：AverageIFs(Average_range,criteria_range1,criteria1[,criteria_range2,criteria2]…)。

参数：Average_range 是要计算平均值的一个或多个单元格，其中包括数字或包含数字的名称、数组或引用。criteria_range1 是计算关联条件的第 1 个单元格区域，criteria1 是第 1 个求平均值的条件，criteria_range2 是计算关联条件的第 2 个单元格区域，criteria2 是第 2 个求平均值的条件。

功能：返回满足多重条件的所有单元格的平均值（算术平均值）。

应用实例：计算语文成绩大于 80 的男生的总分平均值。

如图 4-37 所示，计算语文成绩大于 80 的男生的总分平均值，可以输入公式：=AverageIFs(G2: G7,D1:D7,">80",C2:C7,"男")。

公式中，G2:G7 为求平均值的对象，D1:D7 为第 1 个判断条件"语文成绩"所在的单元格引用，">80"为第 1 个判断条件；C2:C7 为第 2 个判断条件所在的单元格引用，"男"为第二个判断条件。

4. 计数函数

（1）统计单元格个数函数 Count( )

语法：Count(Value)。

功能：统计指定区域中包含数值的个数，只对包含数值的单元格计数。

应用实例：如图 4-37 所示，使用 Count 函数统计 B2:D7 单元格个数，可以输入公式：=COUNT (B2:D7)，返回结果为 6。

（2）统计单元格个数函数 CountA( )

语法：CountA(Value)。

功能：统计指定区域中不为空的单元格的个数，可以对包含任何类型信息的单元格进行计数。

应用实例：如图 4-37 所示，使用 CountA 函数统计 B2:D7 单元格个数，可以输入公式：=CountA(B2:D7)，返回结果为 18。

（3）条件计数函数 CountIF( )

语法：CountIF(range,criteria)。

参数：range 是用于条件判断的单元格区域，criteria 是由数字、逻辑表达式等组成的计数判定条件。

功能：按给定条件对符合条件的数据计数。

应用实例：

① 如图 4-37 所示，使用 CountIF 函数统计张三同学的不及格门次，可以输入公式：=CountIF (D2:F2,"<60")。

② 如图 4-39 所示，要统计"科技类"社团的数量，可以输入公式=CountIF(A2:A11,"科技类")。

（4）多条件计数函数 CountIFs( )

语法：CountIFs(range1,criteria1,range2,criteria2)。

参数：range1 是计算关联条件的第 1 个区域，criteria1 是由数字、逻辑表达式等组成的第 1 个判定条件。

功能：将条件应用于跨多个区域的单元格，并计算符合所有条件的次数。

应用实例：如图 4-39 所示，要统计"科技类"社团中报名人数"超过 30 人"的社团数量，可输入公式：=CountIFs(A2:A10,"科技类",B2:B10,">30")。

5. 逻辑函数

语法：IF(logical_test,value_if_true,value_if_false)。

参数：logical_test 表示计算结果为 TRUE 或 FALSE 的任意值或表达式。value_if_true 表示

logical_test 为 TRUE 时返回的值。value_if_false 表示 logical_test 为 FALSE 时返回的值。

功能：条件判断。根据逻辑判断的真假值，返回不同结果。

应用实例：如图 4-37 所示，判断 C2 单元格中成绩是否及格，可以输入公式：=IF(C2>=60,"及格","不及格")。

按照张三的平均分判断成绩的等次，可以输入公式：=IF(H2>=90,"优秀",IF(H2>=75,"良好",IF(H2>=60,"合格","不合格")))。

6. 排名函数

语法：Rank(Number,ref,[order])。

参数：number 为需要求排名的数值或者单元格引用，ref 为排名的参照数值区域，需使用绝对引用，order 值为 0 和 1，0 表示从大到小排名。

功能：求某一个数值在某一区域内的排名。

应用实例：如图 4-37 所示，按总分排名，可以输入公式：=RANK(G2,$G$2:$G$7,0)。

7. 纵向查找函数

VLOOKUP 函数与 LOOKUP 函数和 HLOOKUP 函数属于一类函数，在工作中都有广泛应用。VLOOKUP 是按列查找，最终返回查找关键字在目标区域中列序号对应的值；与之对应的HLOOKUP 是按行查找的。

语法：VLOOKUP(lookup_value,table_array,col_index_num,range_lookup)。

参数：lookup_value 为需要在数组第 1 列中查找的关键字，它可以是数值、引用或文字符串。

table_array 为查找的数值所在的目标区域，需使用绝对引用。

col_index_num 为待返回的匹配值在查找区域中的列序号，为 1 时，返回查找区域第 1 列中的数值，为 2 时，返回查找区域第 2 列中的数值，以此类推；若列序号小于 1，函数 VLOOKUP 返回错误值#VALUE!；如果大于区域的列数，函数 VLOOKUP 返回错误值#REF!。

range_lookup 为逻辑值 0 或 1，指明函数 VLOOKUP 查找时是精确匹配，还是近似匹配。其中 1 表示近似匹配，0 表示精确匹配。

功能：在表格或数值数组的首列查找指定的数值，并由此返回表格或数组中该数值所在行中指定列处的数值。

应用实例：某考试结束后，仅知道学号及成绩信息，需通过学籍库数据快速查找学号对应的姓名及班级。

Sheet5 工作表 A ~ G 列依次存放了学号、姓名、性别、民族、年级、系别、班级等学籍库数据信息，成绩工作表中，通过 VLOOKUP 函数纵向查找姓名信息显示在 C 列，可在 C2 单元格输入公式 "=VLOOKUP(A2,Sheet5!$A$2:$G$23,2,0)"，按 "Enter" 键输入，鼠标指针移动到填充柄，下拉完成 C3 ~ C10 公式填充，如图 4-40 所示。

通过 VLOOKUP 函数纵向查找班级信息显示在 D 列，可在 D2 单元格输入公式 "=VLOOKUP(A2,Sheet5!$A$2:$G$23,7,0)"，按 "Enter" 键确认输入，鼠标指针移动到填充柄，下拉完成 D3 ~ D10 公式填充。

实际上，提取 "A2" 同学的姓名与班级就是通过 "A2" 作为查找数值，在查找数值所在的区域 "Sheet5!$A$2:$G$23" 内，取出查找区域中的列序号（姓名在第 2 列，班级在第 7 列）对应的匹配值。

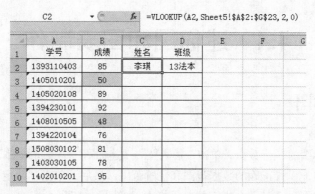

图 4-40　VLOOKUP 使用案例

　　该函数在学生管理、员工管理等领域均可广泛使用，既可通过身份证号、学号等关键字提取已有工作表中的信息，又可以比较提取信息与已有信息是否一致，达到数据校验的目的。

8. 日期时间函数

日期时间函如表 4-1 所示。

表 4-1　　　　　　　　　　　　　　　日期时间函数

函数	功能	示例	结果
Now( )	返回当前日期和时间的序列号	=NOW( )	2018/12/01 08:32
Year( )	返回某日期对应的年份	=Year(2018-12-01)	2018
Month( )	返回以序列号表示的日期中的月份	=Month(2018-12-01)	12
Day( )	返回以序列号表示的某日期的天数	=day(2018-12-01)	1
Hour( )	返回时间值的小时数	=Hour(NOW( ))	8
Minute( )	返回时间值中的分钟，为一个 0～59 的整数	=MINUTE(NOW( ))	32
Today( )	返回当前系统日期	=Today( )	2018/12/01

9. 文本类函数

文本类函数如表 4-2 所示。

表 4-2　　　　　　　　　　　　　　　文本类函数

函数	功能	示例	结果
Mid( )	截取字符串函数	=mid(620105,3,3)	010
Left( )	左侧截取字符串函数	=left(620105,2)	62
Right( )	右侧截取字符串函数	=right(620105,2)	05
Concatenate( )	将几个文本项合并为一个文本项	= Concatenate(B2,"分")	85 分
TRIM( )	删除空格函数	=trim(计算机)	计算机
Len( )	字数个数函数	=Len(计算机)	3

4.4 迷你图和图表制作

4.4.1 迷你图

1. 迷你图的创建

选中要绘制迷你图的一行数据，单击"插入"→"迷你图"→"折线图"，在随即打开的"创建迷你图"对话框中，设置正确的数据范围和位置范围。最后，单击"确定"按钮关闭对话框，基于一行数据的迷你图自动显示在指定的单元格中，如图4-41所示。

向下拖动迷你图所在单元格右下角的填充手柄，就可将迷你图复制填充至其他单元格中，从而形成一组迷你图。

	A	B	C	D	E	F
1	产品	第一季度	第二季度	第三季度	第四季度	迷你图
2	硬盘	50350	80500	68000	90000	
3	光驱	5925	6255	8600	5900	
4	显示器	60000	80000	73050	94500	
5	鼠标	580	950	600	800	

图4-41　迷你图

2. 迷你图的编辑

创建迷你图以后，选项卡即可显示"迷你图工具"，利用它可以对迷你图进行丰富的格式化操作，如图4-42所示。

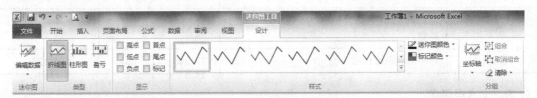

图4-42　迷你图工具

在"类型"中可修改图表类型。

在"显示"中可设置"高点""低点""负点""首点""尾点"是否显示。

在"样式"中可选择迷你图样式。

4.4.2 图表

1. 图表的创建

在Excel 2010工作表中切换到"插入"选项卡，选中要设置图表的数据范围，在"图表"中单击选择所需图表类型，在弹出的下拉列表中选择具体的类型，即可在工作表中插入一个内嵌图表。

若要改变图表的类型，可以在功能区中对图表类型、布局、样式、位置等进行更改。

Excel中，常见图表类型说明如下。

（1）柱形图

柱形图通常用来比较离散的项目，可以描绘系列中的项目，或是多个系列间的项目，最常用的布局是将信息类型放在横坐标上，将数值项放在纵坐标轴上，如图 4-43 所示。

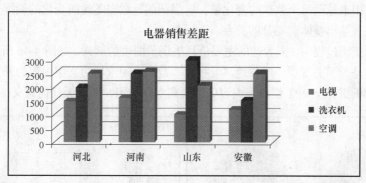

图 4-43　柱形图

（2）折线图

折线图通常用来描绘连续的数据，这对标识趋势很有用。折线图是一种最适合反映数据之间量变化快慢的图表类型，如图 4-44 所示。

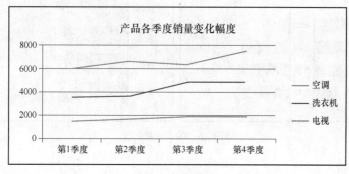

图 4-44　折线图

（3）饼图

饼图主要用于显示数据系列中各个项目与项目总和之间的比例关系。由于饼图只能显示一个系列的比例关系，所以当选中多个系列时也只能显示其中的一个系列，如图 4-45 所示。

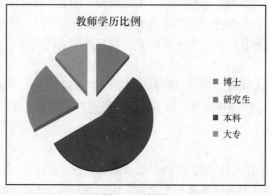

图 4-45　饼图

（4）条形图

条形图实际上是顺时针旋转 90 度的柱形图。条形图的优点是分类标签更便于阅读。

（5）面积图

面积图主要用来显示每个数据的变化量，它强调的是数据随时间变化的幅度，通过显示数据的总和值直观地表达出整体和部分的关系。

图表在实际使用过程中，需表达的主要信息决定了图表的形式，如图 4-46 所示。无论使用哪种图表类型，均是为了更直观、形象地"可视化"数据，通常作为文字内容的补充。因此，图表多用于总结、分析报告及 PPT 汇报等内容中，脱离实际应用，图表无任何意义。

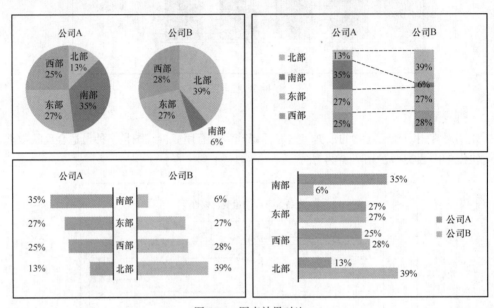

图 4-46　图表效果对比

2. 图表的编辑

图表被创建的同时，功能区中就会显示"图表工具"选项卡，利用它可以对图表进行丰富的格式化操作。

（1）图表工具

图表工具包含设计、布局、格式 3 个标签。

设计标签中，可对图表类型、数据区域、图表布局、图表样式和图表位置进行编辑和修改。

布局标签中，可插入对象，对图表标签、坐标轴、背景进行修改，并可设置是否显示数据分析。

格式标签中，可设置形状样式、艺术字样式、排列及图表的大小，如图 4-47 所示。

（2）编辑图表

选择要进行编辑的图表区域，单击"图表工具"→"布局"，在"当前所选内容"中单击"图表元素"下拉三角按钮，选择图表元素，单击"设置所选内容样式"，在打开的对话框中进行详细格式设置，如图 4-48 所示。

（3）更改图表类型

选择要更改图表类型的图表区域，单击"图表工具"→"设计"，在"类型"中单击"更改图表类型"按钮，在弹出的"更改图表类型对话框"中选择新的图表类型，即可将图表类型改为新的图表类型。

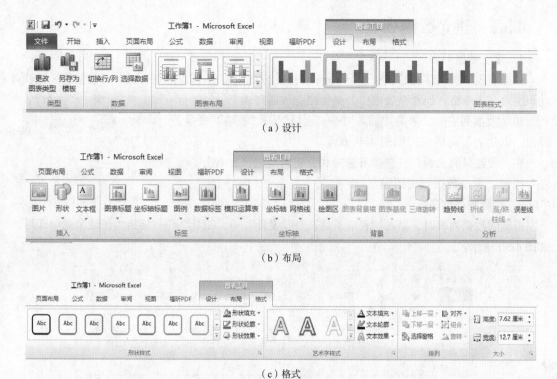

（a）设计

（b）布局

（c）格式

图 4-47　图表工具

图 4-48　编辑图表

（4）编辑图表标题和坐标轴

将光标移至图表标题中，选择图表标题中的文本，输入需要的文字，即可更改图表的标题。

单击"图表工具"→"布局"→"标签"→"坐标轴标题"，在弹出的下拉列表中选择"主要纵坐标轴标题"下的"竖排标题"，增加一个坐标轴标题文本框，输入需要的文字，即可更改纵坐标轴标题。

4.5　数据管理与分析

Excel 具有强大的数据管理与数据分析功能，可以对工作表数据进行快速的排序、筛选、分类汇总，同时，可通过数据透视表实现数据的快速统计。

4.5.1 建立数据列表

1. 建立数据列表

数据列表即我们常说的表格，当 Excel 表格较为简单，不包含标题行时，有数据的区域就自动识别为一个表格，而复杂表格中，必须建立数据列表。

建立数据列表时，单击"插入"→"表格"→"表格"命令，弹出"创建表"对话框，如图 4-49 所示。

在"表数据的来源"中选择需管理和分析的数据区，单击"确定"按钮，完成数据列表的建立。

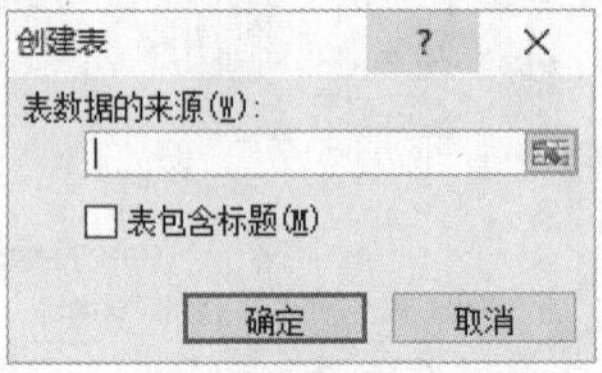

2. 删除数据列表

需删除数据列表时，单击"表格工具"→"设计"→"工具"→"转换为区域"命令即可，如图 4-50 所示。

图 4-49 创建数据列表

图 4-50 表格工具

4.5.2 获取外部数据

Excel 中，如需快速将网页中的表格或者".txt"格式的文档插入到 Excel 表格中，可以通过获取外部数据的方式完成，如图 4-51 所示。

图 4-51 获取外部数据

1. 获取网站数据

① 单击"数据"选项卡，在"获取外部数据"选项卡中单击"自网站"。

② 弹出"新建 Web 查询"对话框，在"地址"文本框中输入网址，单击"转到"按钮。

③ 单击要选择的表旁边的带方框的黑色箭头，使黑色箭头变成对号，然后单击"导入"。

④ 弹出"导入数据"对话框，选择"数据的放置位置"为"现有工作表"，在文本框中输入"=$A$1"，单击"确定"，网页中的数据即可导入 Excel 中。

2. 获取文本数据

① 单击"数据"选项卡，在"获取外部数据"选项卡中单击"自文本"。

② 弹出"导入文本文件"对话框，选择要导入的".txt"文档，单击"导入"。

③ 在弹出的"文本导入向导"对话框中，输入导入起始行，设置分隔符号，设置数据格式，单击"完成"。

④ 在弹出的"导入数据"对话框中选择"数据的放置位置"为"现有工作表"，在文本框中输入"=$A$1"，单击"确定"，文本中的数据即可导入 Excel 中。

4.5.3　数据排序与筛选

1. 排序

在工作表或数据列表中输入数据后，我们还经常要进行排序操作，排序包括简单排序和多关键字排序。

（1）简单排序

当进行简单排序时，只需在工作表或数据列表中选中需排序字段，单击"数据"→"排序和筛选"命令 ↓ 或 ↓，即可进行升序或降序排序。

（2）多关键字排序

进行多关键字排序时，单击"数据"→"排序和筛选"→"排序"命令，弹出"排序"对话框，如图 4-52 所示。单击"添加条件"或"删除条件"即可添加或删除排序关键字。选择关键字时，数据的包含范围一定是从大到小的，按主要关键字排序，内容相同时，就按次要关键字排序，依此类推。如，对全院学生学籍信息排序时，可设置"系别"为主要关键字，设"年级"为第二关键字，设"班级"为第三关键字，设"学号"为第四关键字，排序后的数据清晰、可读性强。

图 4-52　排序

（3）自定义序列排序

如按职称、学历高低来排序时，可设置职称、学历系列为自定义序列。

设置方法如下。

单击"文件"→"选项"命令，打开"Excel 选项"对话框，如图 4-53 所示。

单击"高级"→"常规"→"编辑自定义列表"命令，打开"自定义序列"选项，如图 4-54 所示。

建立自定义序列的方法有以下两种。

一是在"输入序列"窗口中输入数据，以"Enter"键分隔序列条目，单击"添加"完成自定义序列。

二是从 Excel 表格中选择需自定义序列的数据区，单击"导入"完成自定义序列。

2. 筛选

（1）自动筛选

需对工作表建立自动筛选时，单击"数据"→"排序和筛选"→"筛选"命令，每个字段的右边都出现一个下拉箭头按钮，单击下拉箭头，即可设置筛选条件。

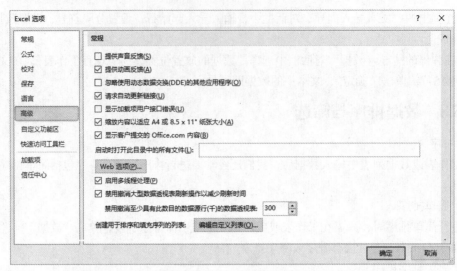

图 4-53　"Excel 选项"对话框

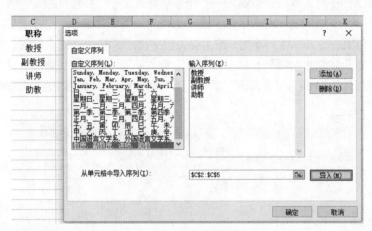

图 4-54　自定义序列

　　如需对特定字段单独建立筛选，可点选该字段，单击"数据"→"排序和筛选"→"筛选"命令建立。

　　如需清除筛选结果，单击"数据"→"排序和筛选"→"清除"即可。

　　（2）高级筛选

　　① 建立条件区域

　　条件区域由字段和数据构成，条件区域与原数据区之间至少要留出一个空行或空列。字段可以是一个，也可以是多个，但必须与原数据表一致；数据可以是值，也可以是表达式。

　　如，筛选成绩表中性别为"女"且英语成绩大于 80 分的同学，条件区（C7:D8）的建立如图 4-55 所示。

　　② 建立高级筛选

　　单击"数据"→"排序和筛选"→"高级筛选"命令，弹出"高级筛选"对话框，如图 4-56 所示。

　　可以在原有区域显示筛选结果，也可将筛选结果复制到其他位置。一般选择"将筛选结果复制到其他位置"。

图 4-55　高级筛选案例　　　　　　图 4-56　"高级筛选"对话框

单击"列表区域"右侧的 ▦ 按钮，拖动鼠标，选择 A1:F5 单元格范围作为数据区。

单击"条件区域"右侧的 ▦ 按钮，拖动鼠标，选择 C7:D8 单元格范围作为条件区。

单击"复制到"右侧的 ▦ 按钮，选择 A10 单元格作为目标单元格。

单击"确定" 按钮，符合条件的数据即被筛选到目标位置。

4.5.4　数据工具

1.　删除重复项

单击"数据"→"数据工具"→"删除重复项"，即可打开"删除重复项"对话框。如图 4-57 所示。

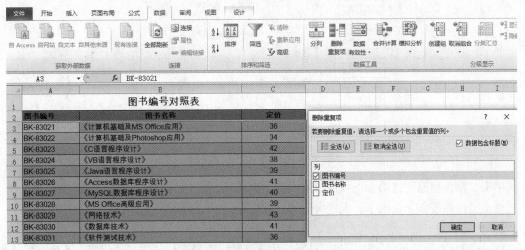

图 4-57　"删除重复项"对话框

选择一个或多个包含重复值的列，即可删除该列重复数据。

2.　数据有效性

数据有效性是对单元格或单元格区域输入的数据从内容到数量上的限制。对于符合条件的数据，允许输入；对于不符合条件的数据，则禁止输入。这样就可以依靠系统检查数据的正确有效性，避免错误的数据录入。

选择单元格或单元格区域，单击"数据"→"数据工具"→"数据有效性"→"数据有效性"，即可打开"数据有效性"对话框。如图 4-58 所示。

图 4-58　"数据有效性"对话框

单击"设置"选项卡，在有效性条件中选择对应的允许值。

如，对"身份证号"字段设置允许"文本长度""等于""18"，当输入长度不等于 18 时，则会限制输入。

在有效性条件中，如"允许"为"序列"，在"来源"中设置序列值，单击"确定"，允许序列得到的结果是下拉菜单的选项，如图 4-59 所示。

图 4-59　有效性条件——序列

单击"输入信息"选项卡，可设置输入提示信息。

单击"出错警告"选项卡，设置警告样式及标题。

3. 合并计算

Excel 的合并计算可以实现求和、求平均值、计数、求最大值、求最小值等一系列合并功能。

如图 4-60 所示，1 月和 2 月工作表中分别存放了 1 月、2 月的图书销售数据，接下来我们就用合并计算中的求和功能完成数据的合并计算。

选中"合并"工作表的 A1 单元格，单击"数据"→"数据工具"→"合并计算"，打开"合并计算"对话框。

在"函数"中选择"求和"，单击"引用位置"右侧的 ▥ 按钮，拖动鼠标，选择 1 月工作表的 A2:C19 单元格范围作为数据区；单击"添加"；再次单击"引用位置"右侧的 ▥ 按钮，拖动鼠标，选择 2 月工作表的 A2:C19 单元格范围作为数据区；数据选好后，勾选首行和最左列，单击"确定"按钮完成数据合并。

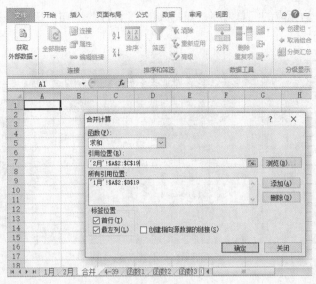

图 4-60　合并计算

合并完成后要自己补上"图书编号"标签。

4. 单变量求解

单变量求解是 Excel 中根据所提供的目标值，将引用单元格的值不断调整，直至达到所需要求的公式的目标值时，确定最后一个变量的求解过程。

例如，某企业根据销售额为员工提成 1%作为奖金，某员工前三季度的销售额分别为 250 万元、360 万元、300 万元，如计划拿到 12 万元奖金，问第四季度销售额应该为多少？

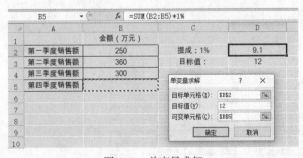

图 4-61　单变量求解

输入如图 4-61 所示的销售数据，在 D2 单元格中输入奖金的计算公式：=Sum（B2:B15）*1%。

单击"数据"→"数据工具"→"模拟分析"→"单变量求解"，打开"单变量求解"对话框。

设置"目标单元格"为：$D$2。

输入"目标值"：12。

设置"可变单元格"为：$B$5。

单击"确定"按钮，即可求解出第四季度销售额（290）。

4.5.5　分类汇总

分类汇总是实现数据快速汇总的一种方法，Excel 可根据分类字段汇总相关内容自动分级显示。

1. 数据分类

建立分类汇总前，需对数据进行分类，分类可通过对分类字段进行排序完成。

2. 创建分类汇总

单击"数据"→"分级显示"→"分类汇总"命令，打开"分类汇总"对话框。

选择"分类字段"为建立分类汇总前排序的字段。

选择"汇总方式"为"求和"。

选择“汇总项”为相应的汇总内容，如“数量”“合计”，单击“确定”按钮，即可完成分类汇总，如图 4-62 所示。

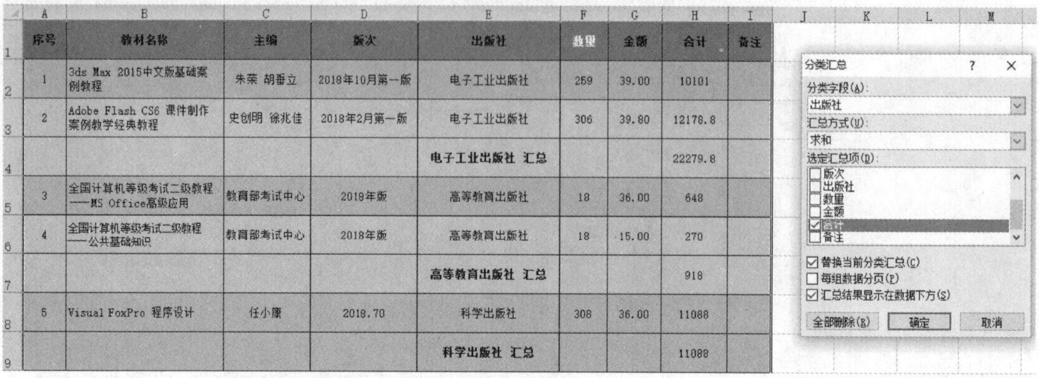

序号	教材名称	主编	版次	出版社	数量	金额	合计	备注
1	3ds Max 2015中文版基础案例教程	朱荣 胡垂立	2018年10月第一版	电子工业出版社	259	39.00	10101	
2	Adobe Flash CS6 课件制作案例教学经典教程	史创明 徐兆佳	2018年2月第一版	电子工业出版社	306	39.80	12178.8	
				电子工业出版社 汇总			22279.8	
3	全国计算机等级考试二级教程——MS Office高级应用	教育部考试中心	2018年版	高等教育出版社	18	36.00	648	
4	全国计算机等级考试二级教程——公共基础知识	教育部考试中心	2018年版	高等教育出版社	18	15.00	270	
				高等教育出版社 汇总			918	
5	Visual FoxPro 程序设计	任小康	2018.70	科学出版社	308	36.00	11088	
				科学出版社 汇总			11088	

图 4-62　分类汇总

3. 删除分类汇总

如需删除分类汇总，单击“数据”→“分级显示”→“分类汇总”命令，打开“分类汇总”对话框，选择“全部删除”即可。

4.5.6　数据透视表

1. 创建数据透视表

使用数据透视表可实现对大量数据快速汇总，还可以查看汇总结果。

例如，图 4-63 所示的学生信息表中，需快速汇总不同系别、不同班级的男女生人数，就可以通过建立数据透视表完成。

年级	系别	班级	学号	姓名	性别	民族	备注
2015	法律系	15法学	1505000304	杜甫	男	汉族	
2015	法律系	15法学	1508030101	李白	男	汉族	
2013	法律系	13法本	1393120204	张野	男	汉族	
2015	法律系	15法学	1505000305	陈薇	女	汉族	
2013	法律系	13法本	1393110403	李琪	女	汉族	
2014	法律系	14法本	1405010201	王双	女	汉族	
2014	法律系	14法本	1405020108	陈强	男	回族	
2013	教育管理系	13心理班	1394230101	郭琦	女	汉族	
2014	教育管理系	14学前教育	1408010505	李婷	女	汉族	
2013	教育管理系	13公管班	1394220104	刘培	男	回族	
2015	教育管理系	15心本班	1508030102	秋月	女	回族	
2014	经济管理系	14会师	1403030105	李霞	女	藏族	
2014	经济管理系	14会本	1402010201	柴明	男	汉族	
2013	经济管理系	13会计学	1393220103	刘堃	男	汉族	
2013	经济管理系	13会计师	1393230205	陈瑞	女	汉族	
2013	经济管理系	13会计师	1393230206	王华	女	汉族	
2014	经济管理系	14会本	1403020305	张倩	女	汉族	
2015	中国语言文学系	15汉本	1501010404	王乾	男	藏族	
2015	中国语言文学系	15汉本	1501010104	陈婧	女	汉族	
2015	中国语言文学系	15汉本	1501020104	郭倩	女	汉族	
2015	中国语言文学系	15汉本	1501010303	李广	女	汉族	
2014	中国语言文学系	14汉本	1401010106	柳惠	女	汉族	

图 4-63　数据透视表数据

建立数据透视表时，打开工作表，单击“插入”→“表格”→“数据透视表”→“数据透视表”命令，打开“创建数据透视表”对话框，如图 4-64 所示。

单击"表/区域"右侧的 按钮，拖动鼠标，选择全部数据作为数据区。

选择放置数据透视表的位置为"新工作表"，单击"确定"按钮，打开"数据透视表字段列表"任务窗格，如图 4-65 所示。

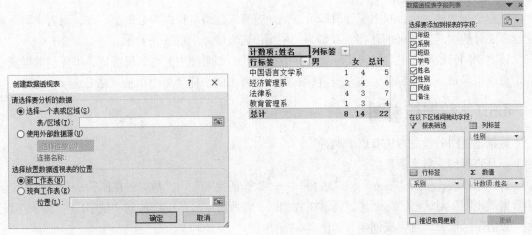

图 4-64 创建数据透视表	图 4-65 数据透视表字段列表

在"数据透视表字段列表"任务窗格中，从"选择要添加到报表的字段"区域选择准备设置为"行标签"的字段，单击并拖曳到行标签区域中，放置数据透视表的位置同时会显示行标签结果。

选择准备设置为"列标签"的字段，单击并拖曳到列标签区域中，放置数据透视表的位置同时会显示列标签结果。

选择准备设置为"数值"的字段，单击并拖曳到数值区域中，放置数据透视表的位置同时会显示数值结果。

"行标签"/"列标签"区域可放置一个字段，也可以放置多个字段。如需放置多个字段，数据范围必须是从大到小的。例如，在"行标签"中，可先拖曳放置"系别"字段，再放置"班级"字段，则数据透视表汇总结果中即可显示各系各班的男女生人数。

2. 修改数据透视表

建立数据透视表后，Excel 功能区会增加"数据透视表工具"，如图 4-66 所示。

图 4-66 修改数据透视表

单击"数据透视表工具"→"选项"→"数据"→"更改数据源"命令，即可修改数据源；单击"刷新"即可刷新汇总结果。

如需修改字段，单击字段右侧的下拉按钮，在弹出的菜单中单击"删除"即可。

单击"数值"区域中字段右侧的下拉按钮，在弹出的菜单中单击"值字段设置"，打开"值字段设置"对话框，可选择值汇总方式和计算类型。

3. 删除数据透视表

数据透视表建立后，不能删除汇总结果中的行、列及值，只能删除整个数据透视表。如需删除数据透视表，需选中整个数据透视表，按"Delete"键删除。

4. 数据透视表的使用

数据透视表建立后，双击统计值即可方便地查看汇总结果指向的数据源。如，双击中国语言文学系总计值"5"，即可创建存放系别为"中国语言文学系"的5条数据。

该案例同时说明，汇总结果实际是指向数据源的，如需使用汇总结果数值，可复制数据透视表汇总结果区域，在目标单元格单击鼠标右键，在弹出的快捷菜单中单击"粘贴选项-值"。

4.5.7　数据透视图

数据透视图的建立方法有以下两种。

一是直接创建数据透视图。

打开工作表，单击"插入"→"表格"→"数据透视表"→"数据透视图"命令，打开"创建数据透视图"对话框，与创建数据透视表相同，将所需字段拖曳添加到"轴字段""图例字段"和"数值"区域，即可完成创建，如图4-67所示。

二是基于已经生成的数据透视表生成数据透视图。

单击"数据透视表工具"→"选项"→"工具"→"数据透视图"命令，在弹出的"插入图表"对话框中选择合适的图表类型，单击"确定"按钮，即可完成创建，如图4-68所示。

透视图表的编辑方法与普通图表相似。

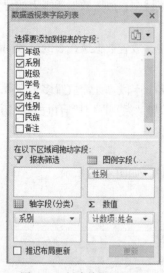

图4-67　创建数据透视图

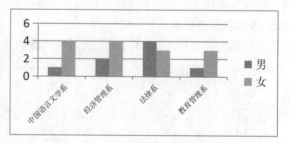

图4-68　数据透视图案例

4.6　Excel 2010 数据处理"巧"应用

1. 解读身份证号码

根据18位身份证号码的意义，第1~6位数字代表省、市、区，第7~14位数字代表持证人的出生年、月、日，第 17 位数字表示持证人的性别，奇数为男，偶数为女。我们可以通过有关函数，进行身份证号码有关信息的查询，不仅快速简便，而且不容易出错，核对时只需要对身份证号码进行检查，可以大大提高工作效率。以下操作基于学生基本信息表完成，如图 4-69 所示。

	A	B	C	D	E	F	G	H
1	学号	姓名	性别	民族	政治面貌	身份证号	出生年月	年龄
2	001	张三	男	汉族	中共党员	620105199902164011	19990216	19
3	002	李四	女	汉族	团员	622429199712252402	19971225	21
4	003	王五	男	回族	团员	622621200311290853	20031129	15
5	004	赵六	女	汉族	中共党员	622102199702128925	19970212	21
6	005	孙七	女	回族	团员	622825199903210926	19990321	19
7	006	周八	男	汉族	中共党员	620403200110020010	20011002	17
8								
9		男生人数：		3				
10		女生人数：		3				
11		团员人数：		3				
12		中共党员人数：		3				
13		少数民族人数：		2				

图 4-69　学生基本信息表

2. 身份证号码中提取出生日期

从身份中号码中提取出生日期，可以通过 Mid( )函数完成，该函数实现从文字指定位置开始提取指定长度的字符串。

在单元格 G2 输入公式：=MID(F2,7,8)即可从 F2 单元格的身份证号码中，从第 7 位开始截取8 位，取出出生日期。

3. 计算学生年龄

在单元格 H2 输入公式=YEAR(NOW( ))-MID(F2,7,4)。该公式可以理解为：从当前日期Now( )中取出年份，减去身份证号码中的出生年份。

4. 统计男女生人数

在 Excel 中，计算某个区域中满足给定条件的单元格数目可以通过 CountIF( )函数完成，该函数的语法格式为：=CountIF(range,criteria)。

统计男生人数，在单元格 D9 中输入公式：=CountIF(C2:C7,"男")。

统计女生人数，在单元格 D10 中输入公式：=CountIF(C2:C7,"女")。

5. 统计党团员学生人数

统计团员人数，在单元格 D11 中输入公式：=CountIF (E2:E7,"团员")。

统计中共党员人数，在单元格 D12 中输入公式：=CountIF (E2:E7,"中共党员")。

6. 统计少数民族学生人数

统计少数民族学生人数，在单元格 D13 中输入公式：=CountIF (D2:D7,"<>汉族")，其中，<>表示不等于。

7. 根据总分排名次

RANK( )函数返回某数字在一系列数字中相对于其他数值的大小排位。

	A	B	C	D	E	F	G	H
1	学号	姓名	语文	数学	英语	总分	名次	不及格门次
2	001	张三	92	68	57	217	4	1
3	002	李四	87	69	80	236	2	0
4	003	王五	50	85	79	214	5	1
5	004	赵六	66	89	73	228	3	0
6	005	孙七	86	94	64	244	1	0
7	006	周八	81	57	71	209	6	1

图 4-70　学生成绩表

在如图 4-70 所示的学生成绩管理表中，需要不改变数据顺序的前提下求出名次，可采用以下技巧处理。

选中 G2 单元格，输入公式：=RANK(F2,$F$2:$F$7,0)，按下 "Enter" 键后，张三同学总分的名次即排定，并填入 G2 单元格中。

用填充柄就可以将 G2 单元格中的公式复制到 G3～G7 单元格中，用于排定其他学生的名次。公式中 F2:F7 表示全体学生，在排名过程中比较范围不变，因此需要按"F4"键将 F2:F7 转换为绝对引用$F$2:$F$7。

8. 统计学生不及格门次

要获得一个学生不及格的门次，只要统计该生成绩小于 60 分的单元格数即可，因此，可在 H2 单元格中输入=COUNTIF(C2:E2,"<60")。

9. 用条件格式将成绩分类显示

单击"开始"→"样式"→"条件格式"命令，弹出条件格式样式选择下拉菜单，单击"突出选择单元格规则"可设置成绩分类显示。例如，可以设置条件大于"90"，设置为：红色文本；设置条件小于"60"，设置为：自定义格式——25%灰度填充。

10. 实现自定义数据的快速排序

在 Excel 中排序，通常情况下只有按字母或按笔划排序两种方式，但在实际应用中，往往要求按特定的顺序进行排序，如职称中的教授、副教授、讲师、助教顺序，如按照普通的排序，其升序为：副教授、讲师、教授、助教。根据特定要求，需要按职称由高到低进行排序。

完成此功能，首先需要自定义序列，单击"工具"菜单中的"选项"子菜单，在弹出的选项对话框中添加"教授、副教授、讲师、助教"顺序的自定义序列；其次，在排序时，单击"工具"菜单中的"排序"子菜单，在排序对话框中单击"选项"按钮，打开"自定义排序"对话框，选择刚设置好的自定义序列，最后单击"确定"按钮，即可完成自定义数据的快速排序功能。

11. IF( )函数实现应交个人所得税计算

K3 单元格存放应纳税所得额，可以通过 IF( )函数实现应交个人所得税计算，公式如下：

=ROUND(IF(K3<=3000,K3*0.03,IF(K3<=12000,K3*0.1-210,IF(K3<=25000,K3*0.2-1410,IF(K3<=35000,K3*0.25-2660,IF(K3<=55000,K3*30%-4410,IF(K3<=80000,K3*35%-7160,IF(K3>80000,K3*45%-15160)))))))),2)。

12. Max( )函数实现应交个人所得税计算

K3 单元格存放应纳税所得额，可以通过 Max( )函数与数组结合实现应交个人所得税计算，公式如下：

=Max((K3*{0.03,0.1,0.2,0.25,0.3,0.35,0.45}-{0,210,1410,2660,4410,7160,15160}),0)。

第5章 PowerPoint 2010 演示文稿软件

5.1　演示文稿的创建与修饰

在 PowerPoint 2010 中，创建的幻灯片都保存在演示文稿中，因此，我们首先应该了解和熟悉演示文稿的基本操作。

5.1.1　演示文稿的基本操作

1. 新建演示文稿

新建演示文稿主要有以下几种方式。

（1）单击"文件"→"新建"→"空白演示文稿"→"创建"命令，即可创建一个空白演示文稿，也可以选择其他模板类型新建演示文稿。

（2）打开某个文件夹，在空白区域单击鼠标右键，在快捷菜单中单击"新建"→"PowerPoint 2010"命令，即可创建新演示文稿。

2. 保存演示文稿

单击"文件"→"保存"/"另存为"命令，打开"保存"对话框，在"文件名"中输入文件名称，"保存类型"选择"PowerPoint 演示文稿"，并单击"保存"，即可保存演示文稿。

3. 打开演示文稿

（1）单击"文件"→"最近使用文件"/"打开"命令，打开"打开"对话框，选择要打开的文件名，单击"打开"。

（2）在文件所在文件夹中双击文件名，即可打开演示文稿文件。

4. 关闭演示文稿

关闭演示文稿有以下几种方法。

（1）双击快速访问工具栏上的"PowerPoint"图标按钮，即可关闭当前演示文稿并退出 PowerPoint 2010 软件。

（2）单击"文件"→"退出"命令，关闭当前演示文稿并退出 PowerPoint 2010 软件。

（3）单击文档窗口右上角的"关闭"按钮，即可关闭当前演示文稿并退出 PowerPoint 2010 软件。

（4）按下"Ctrl+F4"组合键或"Ctrl+W"组合键，即可关闭当前文档窗口。

5. 检查文档

单击"文件"→"信息"→"检查问题"下拉按钮，在弹出的下拉列表中选择"检查文档"，如图 5-1 所示。

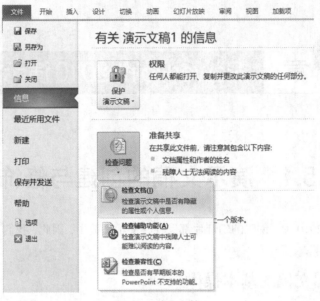

图 5-1　检查文档

弹出"提示保存"对话框，单击"是"按钮，弹出"文档检查器"对话框，勾选检查内容的复选框，单击"检查"，如图 5-2 所示。

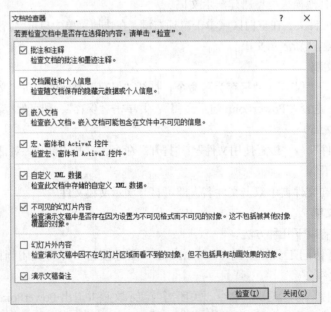

图 5-2　"文档检查器"对话框

检查结束后，在审阅检查结果中单击检查结果右侧的"全部删除"即可删除检查结果，如图 5-3 所示，如全部删除"嵌入文档""演示文稿备注"等。

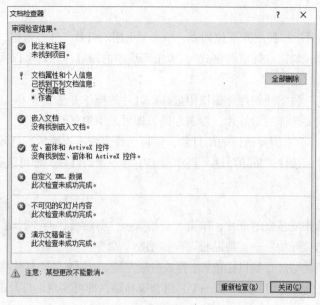

图 5-3　审阅检查结果

5.1.2　幻灯片的基本操作

1. 新建幻灯片

（1）单击"开始"→"幻灯片"→"新建幻灯片"命令，这时将得到一张新幻灯片。

（2）单击"新建幻灯片"下方的按钮，在下拉列表中选择预设的幻灯片版式。

（3）在大纲窗格中插入光标后单击回车键，创建统一版式的新幻灯片。

（4）在快捷菜单中选择"新建幻灯片"。

2. 更改幻灯片版式

单击"幻灯片"功能区的"版式"下拉列表，选择符合要求的版式；或者鼠标指向该幻灯片，单击鼠标右键，在弹出的快捷菜单中选择"版式"命令，在其子菜单中选择要更换的版式即可，如图 5-4 所示。

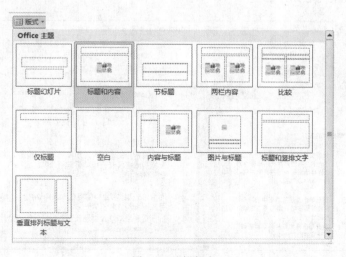

图 5-4　选择版式

3. 重用幻灯片

单击"新建幻灯片"按钮展开下拉列表，单击"重用幻灯片"任务窗格，单击"浏览"按钮，选取另一个演示文稿，勾选"保留源格式"，单击列表中的幻灯片，就可以实现幻灯片的合并。

4. 选择幻灯片

在"幻灯片浏览"视图或幻灯片窗格中选择幻灯片的操作方法如下。

鼠标指针指向需要选择的幻灯片，单击左键，即可选中单张幻灯片。

按住"Ctrl"键，单击需要选择的幻灯片，即可选择多张不连续的幻灯片。

选中单张幻灯片，按住"Shift"键，再单击选中另一张幻灯片，即可选择两次单击之间的多张连续幻灯片。

5. 移动幻灯片

选择要移动的单张或多张幻灯片，单击"开始"→"剪贴板"→"剪切"命令，再将光标定位在目标位置，单击"开始"→"剪贴板"→"粘贴"命令。

鼠标左键直接拖动幻灯片到目标位置，释放鼠标左键，则原来的幻灯片将被移动到新的位置。

用"Ctrl+X"组合键剪切，用"Ctrl+V"组合键粘贴，即可实现幻灯片的移动。

6. 复制幻灯片

选择需要复制的幻灯片，单击"开始"→"剪贴板"→"复制"命令，再将光标定位在目标位置，单击"开始"→"剪贴板"→"粘贴"命令。

按下"Ctrl"键的同时，鼠标左键直接拖动幻灯片到目标位置，释放鼠标左键，则原来的幻灯片将被复制到新的位置。

用"Ctrl+C"组合键复制，用"Ctrl+V"组合键粘贴，即可实现幻灯片的复制。

7. 删除幻灯片

在编辑幻灯片的过程中，当不再需要某张幻灯片时，则需要将其删除。

选择要删除的幻灯片，直接按下"Delete"键删除；或选择要删除的幻灯片，单击鼠标右键，在快捷菜单中选择"删除幻灯片"命令。

8. 幻灯片的拆分

选择需拆分的幻灯片，切换至"大纲"视图，在大纲视图中将光标移动至需拆分内容的右侧，按"Enter"键；如图 5-5 所示。

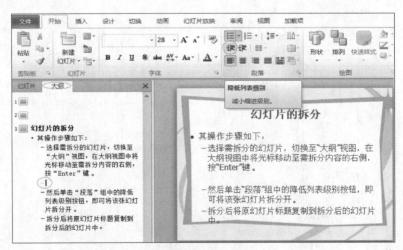

图 5-5　幻灯片的拆分

然后单击"段落"组中的降低列表级别按钮，单击次数由列表级别决定，此案例单击两次即可将该张幻灯片拆分开。

拆分后将原幻灯片标题复制到拆分后的幻灯片中。

9. 节

（1）新增"节"

在左侧大纲窗格幻灯片列表中，将光标定位在要插入节的幻灯片前，单击"开始"→"幻灯片"→"节"→"新增节"，即可新增"无标题节"；或将光标定位在要插入节的幻灯片前，单击鼠标右键，选择"新增节"。

（2）重命名"节"

单击"开始"→"幻灯片"→"节"→"重命名节"，修改节名称；或将鼠标指向"无标题节"，单击鼠标右键，选择"重命名节"，修改节名称，如图 5-6 所示。

（3）删除"节"

单击"开始"→"幻灯片"→"节"→"删除节"，即可删除；在"节"快捷菜单中，还可以进行"删除节""删除节和幻灯片""删除所有节"等操作。

（4）其他"节"操作

选择节标题，可以给每节设置不同的设计主题和幻灯片切换方式等。

5.1.3　PowerPoint 2010 的视图方式

PowerPoint 2010 提供了普通视图、幻灯片浏览视图、备注页视图、阅读视图和幻灯片放映 5 种视图方式，便于用户以不同的方式查看或编辑自己设计的幻灯片内容及效果。

单击"视图"→"演示文稿视图"中的视图方式，可实现前 4 种视图方式的切换，如图 5-7 所示。

单击"幻灯片放映"→"开始放映幻灯片"→"从头开始"，即可打开幻灯片放映视图。

图 5-6　重命名节

图 5-7　"演示文稿视图"组

1. 普通视图

在该视图下，能完成的功能有输入、查看幻灯片的主题、小标题以及备注，并且可以移动幻灯片图像位置和备注页方框，或是改变其大小，如图 5-8 所示。

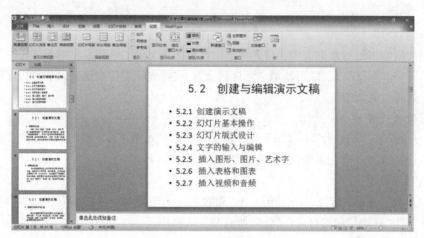

图 5-8　普通视图

2. 幻灯片浏览视图

在该视图下，能同时显示多张幻灯片，可以添加、删除、复制和移动幻灯片页，还可以使用"幻灯片浏览"按钮来设置幻灯片的播放（放映）时间，选择其动画切换方式，如图 5-9 所示。

图 5-9　幻灯片浏览视图

3. 备注页视图

在该视图下，可以输入演讲者的备注，其中，幻灯片缩略图下方带有备注页方框，可以通过单击方框来输入备注文字，也可以在普通视图中输入备注文字，如图 5-10 所示。

4. 阅读视图

在该视图下，即可进入放映视图，只是其放映方式不同，单击页面可实现翻页。如图 5-11 所示。

5. 幻灯片放映视图

幻灯片放映视图占据了整个屏幕，它与真实的幻灯片播放效果一样。在该视图下，可以按照指定的方式动态地播放幻灯片的内容。幻灯片放映视图中的播放效果就是观众看到的真实播放效果，如图 5-12 所示。

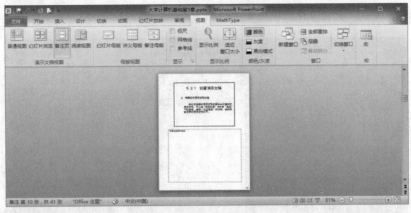

图 5-10　备注页视图

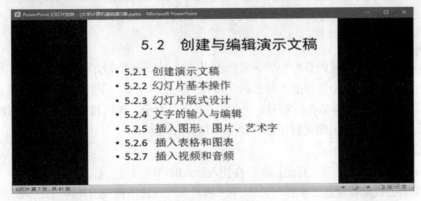

图 5-11　阅读视图

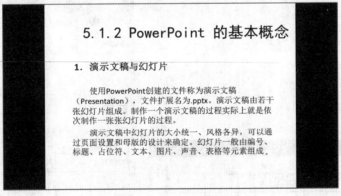

图 5-12　幻灯片放映视图

5.1.4　文本的编辑与文本格式化

1. 文本的编辑

（1）输入文字

打开 PowerPoint 2010 后，将自动新建一个空白演示文稿，在幻灯片中有预设的占位符，占位符在幻灯片中起到了规划幻灯片结构的作用。

鼠标单击占位符，即可看到插入光标，可以在插入光标处输入文字。

用同样的方式可以完成所有占位符中文字的输入，如图 5-13 所示。

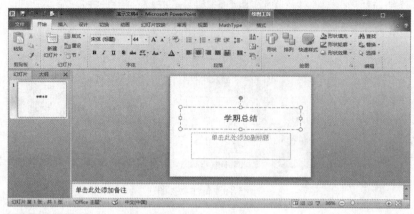

图 5-13　输入文字

（2）插入符号

将光标定位在插入符号的目标位置，然后单击"插入"→"符号"命令，打开"符号"对话框，在"字体"下拉列表中选择插入符号的字体样式，在"子集"下拉列表中选择插入符号的类型，然后在符号列表中选择需要的符号，再单击"插入"命令，即可将该符号插入到指定的位置，完成后单击"关闭"按钮关闭此对话框，如图 5-14 所示。

（3）输入公式

打开 PowerPoint 2010 后，将光标定位在插入公式的目标位置，然后单击"插入"→"公式"命令，可以进入公式编辑状态，单击"公式"下方的箭头可以选择预设的几种公式，如图 5-15 所示。

图 5-14　插入符号

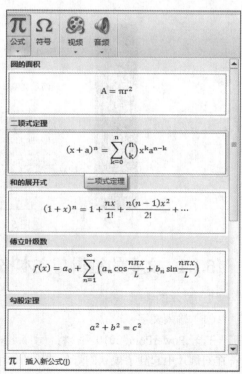

图 5-15　输入公式

（4）编辑文本

编辑文本时的主要操作有移动、复制、删除、粘贴，对于较长的文稿，还需要快速查找或替换。

① 选择需要移动的文本，单击"开始"→"剪贴板"→"剪切"命令，确定新的位置，再单击"开始"→"剪贴板"→"粘贴"命令，即可实现文本的移动；或者用鼠标左键直接拖动其到需要的位置，释放鼠标左键，也可以移动文本到新的位置；或者用"Ctrl+X"组合键剪切，用"Ctrl+V"组合键粘贴，实现文本的移动。

② 选择需要复制的文本，单击"开始"→"剪贴板"→"复制"命令，确定新的位置，再单击"开始"→"剪贴板"→"粘贴"命令；或者单击鼠标右键在快捷菜单中选择"粘贴"；也可以用"Ctrl+C"组合键复制，用"Ctrl+V"组合键粘贴，实现文本的复制。

③ 选择需要删除的文本，按"Delete"键删除。

④ 查找文本时，单击"开始"→"编辑"→"查找"命令，打开"查找"对话框，在"查找内容"输入框中输入要查找的内容，单击"查找下一个"按钮，在演示文稿中将依次找到和所输入内容相同的内容；替换文本时，单击"开始"→"编辑"→"替换"命令，打开"替换"对话框，在"查找内容"输入框中先输入要查找的内容，再在"替换为"输入框中输入准备替换为的内容，单击"替换"或"全部替换"，即可实现一个或批量的文本替换。

2. 文本的格式化

在演示文稿中，输入文字内容后，还需要对文字进行字体格式、段落格式等格式的设置。

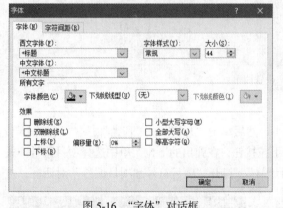

图 5-16　"字体"对话框

（1）设置字体格式

在演示文稿中选择需要设置字体格式的文本，单击"开始"→"字体"命令，在"字体"功能区可以直接单击字体格式图标设置字体格式；也可以打开"字体"对话框，进行字体、字号、字形、字体颜色以及"字符间距"等格式的设置，如图 5-16 所示。

（2）设置字体效果

除了设置基本的字体格式外，还可以设置字体的艺术效果，美化演示文稿，特别是在演示文稿中，应适当为文字添加艺术效果。

在演示文稿中选择需要设置艺术效果的文字，单击"格式"→"艺术字样式"命令，选择需要的样式，在工作区就可以看到艺术字的效果，如图 5-17 所示。

（3）更改字体方向

将光标定位到需要更改字体方向的占位符中，然后单击"开始"→"段落"→"文字方向"命令，在弹出的下拉列表中选择文字方向。如选择"竖排"，文字将以竖排方式排列。在工作区中可以浏览更改字体方向后的效果。

（4）设置段落格式

PowerPoint 2010 的段落格式包括对齐方式、段落缩进、段落间距、行距、制表位等，其效果和 Word 中的段落格式的效果一样，可单击"开始"→"段落"命令，打开"段落"对话框，设置段落格式，如图 5-18 所示。

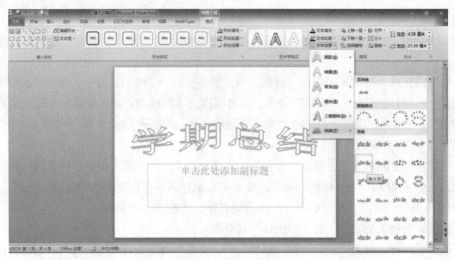

图 5-17　设置艺术字效果

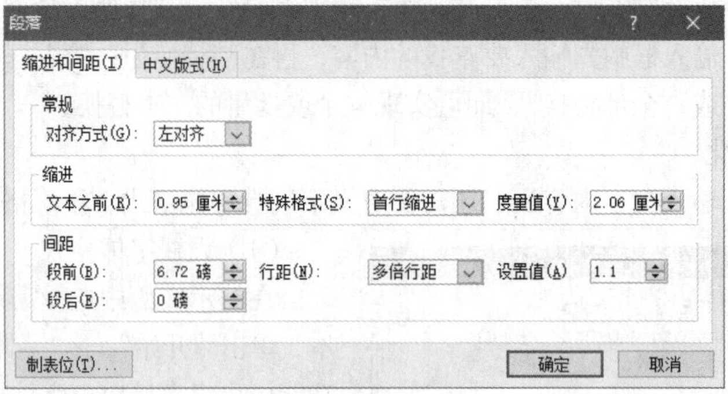

图 5-18　设置段落

（5）设置项目符号和编号

将光标移到需要设置项目符号或编号的段落中，然后单击"开始"→"段落"→"项目符号"/"项目编号"，单击"项目符号"/"项目编号"的下拉按钮，在弹出的下拉菜单中选择项目符号样式或项目编号样式；也可以单击"项目符号和项目编号"，打开"项目符号和项目编号"对话框，进行项目符号和项目编号的设置，如图 5-19 所示。

5.1.5　设置主题

1. 使用默认主题

打开 PowerPoint 演示文稿，文档将自动新建一个空白页面的幻灯片，单击"设计"→"主题"，就可以预览默认主题。

如果要为某一张幻灯片设置主题，可以选择该张幻灯片，然后单击鼠标右键选择主题，在弹出的菜单中选择"应用于选定幻灯片"，这时将只对选定的幻灯片应用选定的主题，如图 5-20所示。

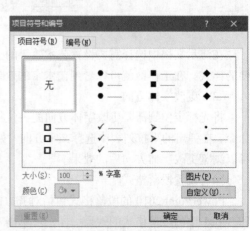

图 5-19　"项目符号和编号"对话框

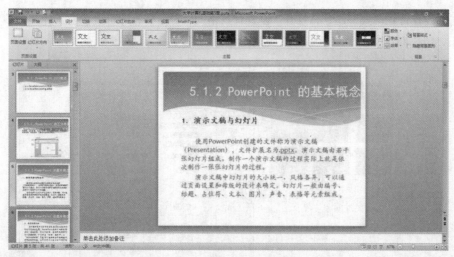

图 5-20　设计主题

2. 设置主题颜色、字体和效果

设置主题颜色，单击"设计"→"主题"→"颜色"，即可为主题选择不同的配色方案。单击"新建主题颜色"，也可自定义主题颜色，如图 5-21 所示。

设置主题字体，单击"设计"→"主题"→"字体"，即可为主题选择不同的字体效果。单击"新建主题字体"，也可自定义主题字体。

设置主题效果，单击"设计"→"主题"→"效果"，即可为主题选择不同的主题效果。

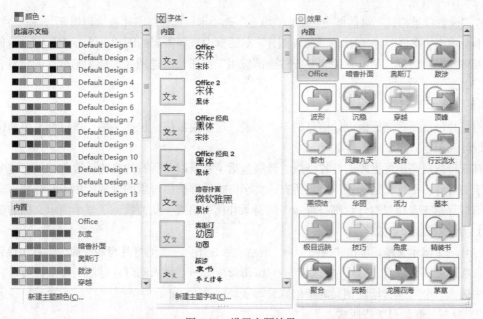

图 5-21　设置主题效果

5.1.6　设置背景

单击"设计"→"背景"→"背景样式"命令，在弹出的下拉列表中可以选择默认的背景样式。

单击"设置背景格式"命令，打开"设置背景格式"对话框，即可设置背景样式的填充方式、图片更正、图片颜色、艺术效果，如图 5-22 所示。

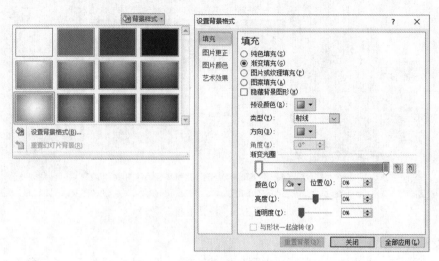

图 5-22　设置背景样式

（1）纹理填充

在"设置背景格式"对话框中，单击"填充"选项卡，选择"图片或纹理填充"，单击"纹理"下拉按钮，在弹出的纹理列表中可选择需要的纹理。

（2）图片填充

在"设置背景格式"对话框中，单击"填充"选项卡，选择"图片或纹理填充"，在"插入自"选项卡中单击"文件"，在弹出的"插入图片"对话框中选择需要的图片，单击"插入"。返回"设置背景格式"对话框，单击"关闭"或"全部应用"按钮，所选图片即成为幻灯片的背景。

5.1.7　幻灯片母版

幻灯片母版是存储模板设计信息的一个元素，这些模板信息包括字形、占位符大小和位置、背景设计和配色方案。

打开母版视图，可更改幻灯片母版。母版包括了背景以及所有的格式设置，如果把这个母版应用于幻灯片，不仅仅是背景，而且所有的文字格式等都按照母版的设置应用于幻灯片。应用于所有幻灯片意味着每张幻灯片都有母版中的背景和所有格式，从而统一了整个演示文稿的格式。

1. 添加母版和版式

打开一个演示文稿，单击"视图"→"演示文稿视图"→"幻灯片母版"命令，将切换到"幻灯片母版"视图，单击"幻灯片母版"→"编辑母版"→"插入幻灯片母版"命令，可以在左侧列表中插入一个与现有母版相同的新幻灯片母版。

2. 复制、删除母版或版式

复制和删除母版或版式的操作步骤如下。

在母版视图中选择左侧需要复制的母版或版式，单击鼠标右键，在弹出的快捷菜单中选择"复制幻灯片母版"或"复制版式"命令，即可在列表中复制一模一样的模板或版式。

对于不需要的母版或版式，单击鼠标右键，在快捷菜单中选择"删除母版"或"删除版式"命令，即可删除该母版或版式。

3. 编辑母版内容

添加母版或版式后，可以在其中编辑内容，包括添加占位符、编辑母版主题、设置背景样式和设置页面格式等。方法为：选择母版，然后选择"幻灯片母版"选项卡，在其中可以设置各种内容和格式。

4. 使用模板

打开需要保存为模板的演示文稿，单击"文件"→"另存为"命令，在"另存为"中选择保存类型为"PowerPoint 模板"选项，在"文件名"文本框中输入模板名称，单击"保存"按钮，即可保存该模板。

在下次需要使用该模板时，可以单击"文件"→"新建"→"我的模板"命令，打开"新建演示文稿"对话框，在左侧可以看到刚刚保存的模板，选择其中的模板，就可以在预览模板的效果。

5.2　插入多媒体对象

为了更加生动地说明演示文稿中的数据，我们可以在演示文稿中插入图形、图片、表格、图表及多媒体等。插入这些内容后还可以对其进行格式设置，使演示文稿更加美观大方，演示效果更加吸引人。

5.2.1　插入图形

1. 插入形状

打开演示文稿，选中准备插入图形的幻灯片，单击"插入"→"插图"→"形状"命令，在弹出的菜单中可以预览各种图形样式。选择一种图形，在幻灯片中拖动鼠标即可绘制出所需的图形，如图 5-23 所示。

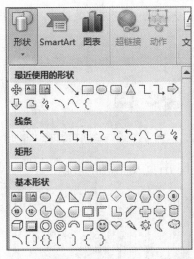
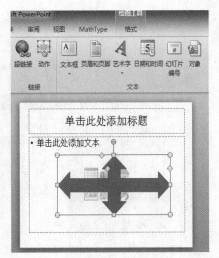

图 5-23　插入图形

2. 插入剪贴画

打开演示文稿，选中需要插入剪贴画的幻灯片，单击"插入"→"图像"→"剪贴画"命令，在窗口右侧的剪贴画窗格中选择所需的剪贴画，即可将其自动粘贴到幻灯片中。

3. 插入图片

打开演示文稿，选中需要插入图片的幻灯片，单击"插入"→"图像"→"图片"命令，弹出"插入图片"对话框，选择预先存储在磁盘中的图片，单击"插入"按钮，即可将选择的图片插入到幻灯片中，如图 5-24 所示。

图 5-24　插入图片

4. 编辑图片

在幻灯片中插入一张图片后，选择该图片。

单击"格式"→"调整"命令，可以选择改变图片的艺术效果、更换图片、压缩图片、重设图片。

单击"格式"→"大小"命令，可以直接输入调整图片大小的数值，再按下"Enter"键确认，图片将按比例缩放。

单击"格式"→"图片样式"命令，可以为图片加边框，改变图片效果和图片版式。如图 5-25 所示。

图 5-25　设置图片样式

5.2.2　插入 SmartArt 图形

SmartArt 图形是信息和观点的视觉表达形式，PowerPoint 提供了多种不同的 SmartArt 布局，从而可以让用户快速、轻松、有效地创建 SmartArt 图形。

创建 SmartArt 图形时，系统将提示您选择一种 SmartArt 图形类型，PowerPoint 2010 包含列表图、流程图、循环图、层次结构图、关系图、矩阵图、棱锥图和图片等，而且每种类型包含几个不同的布局。

插入 SmartArt 图形的具体操作步骤如下。

1. 创建 SmartArt 图形

选择要插入 SmartArt 图形的幻灯片，单击"插入"→"插图"→"SmartArt"命令，打开"选择 SmartArt 图形"对话框，如图 5-26 所示，共有 8 个类别，先选择一种与幻灯片文本内容的格式相对应的 SmartArt 图形类型，再根据布局的说明信息选择该类型的一种布局。

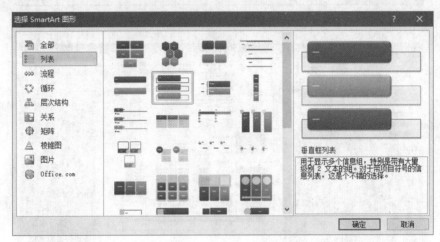

图 5-26　创建 SmartArt 图形

2. 在 SmartArt 图形中输入文本内容

当将 SmartArt 图形插入到幻灯片后，如图 5-27 所示。单击左侧的"在此处键入文字"框，开始键入内容，左边键入的文字会在右边相应的 SmartArt 组件中显示出来。按键盘"↓"键可移动到下一项进行编辑，使用其他方向键也可以在文本输入框中进行移动；也可以直接在 SmartArt 组件内单击"文本"输入文字，而不使用文本窗格。

3. 设置 SmartArt 图形的格式

在 PowerPoint 2010 中，除了可以对 SmartArt 图形进行整体的样式设置外，还可以分别对形状和文本设置格式。

选择已经插入到幻灯片中的 SmartArt 图形，单击"SmartArt 工具"→"设计"→"创建图形"→"添加形状"命令，即可在 SmartArt 图形中增加形状。单击"升级""降级"即可修改图形显示方式。

单击"SmartArt 工具"→"设计"→"布局"→"更改布局"下拉按钮，选择一种布局，即可改变幻灯片中 SmartArt 图形的布局结构。

单击"SmartArt 工具"→"设计"→"SmartArt 样式"命令，可根据需要选择自己喜欢的样式和颜色，在幻灯片中可以看到实时预览效果，如图 5-28 所示。

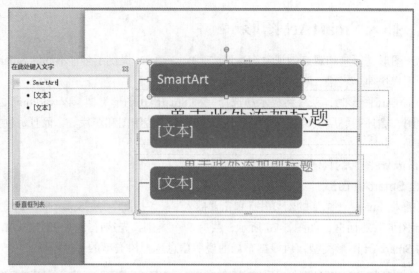

图 5-27　输入文本

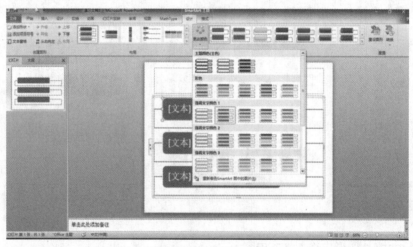

图 5-28　更改样式和颜色

如果要改变 SmartArt 图形中某一个图形，单击 "SmartArt 工具" → "格式" → "形状" → "更改形状" 命令，在弹出的菜单中选择要更改为的形状，即可改变当前选择图形的形状。

单击 "SmartArt 工具" → "格式" → "形状样式"，即可设置形状填充、形状轮廓、形状效果。

单击 "SmartArt 工具" → "格式" → "艺术字样式"，即可设置文字的艺术字效果。

5.2.3　插入艺术字

1. 插入艺术字

选择要插入艺术字的幻灯片，单击 "插入" → "文本" → "艺术字"，在弹出的下拉列表中选择需要的艺术字样式。然后单击 "开始" → "字体"，即可设置艺术字字体、字号等。

2. 添加艺术字效果

在幻灯片中选择需要添加艺术字效果的普通文字，单击 "绘图工具" → "格式" → "艺术字样式" → "其他"，在弹出的下拉列表中选择所需的艺术字样式，即可为普通文字添加艺术字效果。

3. 文字的变形效果

在幻灯片中选择需要改变形状的文字，单击"绘图工具"→"格式"→"艺术字样式"→"文本效果"，在弹出的下拉列表中选择"转换"，然后选择所需的转换样式，即可将选中的文字变形。

5.2.4　插入表格

1. 创建表格

打开 PowerPoint 2010 文档窗口，单击"插入"→"表格"→"插入表格"命令，插入一个指定行数和列数的表格；单击"插入"→"表格"→"绘制表格"命令，鼠标指针变成笔形，在幻灯片中拖动鼠标可以绘制表格；也可以在"表格"下拉列表中直接拖动鼠标选择表格的行数或列数，释放鼠标后，即可插入需要的表格，如图 5-29 所示。

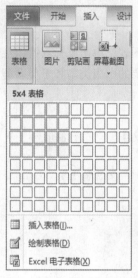

图 5-29　插入表格

2. 设置表格格式

表格插入到幻灯片后，选择表格，可以通过拖动表格四周的 8 个控制块缩放表格的大小，或者单击"布局"→"表格尺寸"，直接修改行高和列宽的数值。

当需要插入行和列或删除行和列时，首先将光标定位在插入行和列的参照单元格，或要删除的行和列所在的任一单元格中，单击"布局"→"行和列"，选择插入方式和删除方式。

需要合并单元格时，选择需要合并的单元格，单击"布局"→"合并"→"合并单元格"命令，即可实现两个或多个单元格的合并。

如果需要设置表格的样式，单击"设计"→"表格样式"，选择一种样式，在该选项组中还可以自定义设置表格的底纹、边框和效果。

5.2.5　插入图表

1. 创建图表

选择需要插入图表的幻灯片，单击"插入"→"插图"→"图表"命令，在弹出的"图表"对话框中选择一种图表类型，单击"确定"按钮，将在幻灯片中插入默认图表，如图 5-30所示。

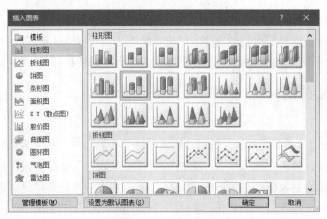

图 5-30   创建图表

2. 更改图表类型

创建图表后，如需更改图表类型，可选择图表，单击鼠标右键，在快捷菜单中选择"更改图表类型"命令，在弹出的对话框中选择一种需要的图表类型和子类型即可，或者单击"设计"→"更改图表类型"命令，更改当前图表的类型。

3. 设置图表的布局和样式

选择需要设置布局和样式的图表，单击"设计"→"图表布局"→"图表样式"，可选择预设的图表布局和图表样式。

如需要设置图表中的图表标题、坐标轴标题、图例等内容，可单击"布局"→"标签"，选择相应的命令按钮进行设置。

5.2.6   插入多媒体

1. 插入音频

选择要插入声音的幻灯片，单击"插入"→"媒体"→"音频"，在弹出的下拉列表中选择"文件中的声音"，在弹出的对话框中选择需要插入的文件，单击"插入"即可。

音频插入后，选中音量的小喇叭图标，在"音频工具"→"播放"中，可设置播放方式为"自动""单击时"或"跨幻灯片播放"，可勾选"循环播放，直到停止"或"播完返回开头"。如图 5-31 所示。

图 5-31   音频工具

2. 插入视频

选择需要插入视频的幻灯片，单击"插入"→"媒体"→"视频"命令，在弹出的对话框中选择"文件中的视频"，在弹出的对话框中选择视频，单击"插入"即可。

5.3   幻灯片的放映与打包

将演示文稿的文字内容、图形、图像、图表等多媒体内容都设置好后，就可以进行放映了。但放映也需要有个良好的放映效果，所以在放映之前还需要对演示文稿进行放映设置，以便在放映时能够更好地进行控制。

5.3.1　动画效果设置

为了丰富演示文稿的播放效果，可以为幻灯片的某些对象设置一些特殊的动画效果，在 PowerPoint 2010 中可以为文本、形状、声音、图形和图表等对象设置动画效果。

1. 创建动画

打开一个演示文稿，切换到需要设置动画的幻灯片，选择要设置动画的对象，单击"动画"→"动画效果"命令，在其下拉菜单中可以预览动画样式，包括"进入""退出""强调"和"动作路径"4 种类型，选择一种动画效果，即可预览动画效果，如图 5-32 所示。

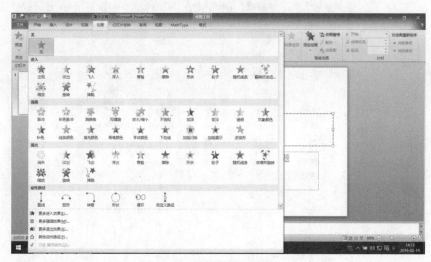

图 5-32　设置动画效果

图 5-33　动画窗格

2. 动画窗格

单击"动画"→"高级动画"→"动画窗格"命令，即可在窗口右侧出现"动画窗格"，在其中可以看到每个动画前面都会显示一个播放编号，如图 5-33 所示。选择需要查看播放的幻灯片，在"动画窗格"中单击"播放"，即可播放当前幻灯片中所有的动画效果。

3. 调整动画顺序

为演示文稿设置好动画后，有时还需要对动画的播放顺序进行调整。选择需要更改顺序的对象，单击"动画"→"计时"→"对动画重新排序"→"向前移动/向后移动"命令，即可看到当前对象的动画播放顺序，如图 5-34 所示。

4. 自定义路径动画

用户可以根据需要自定义动画路径，操作步骤如下。

选择需设置动画的对象，单击"动画"→"高级动画"→"添加动画"，在弹出的下拉列表中选择"动作路径"中的"自定义路径"，如图 5-35 所示。

图 5-34　调整动画播放顺序

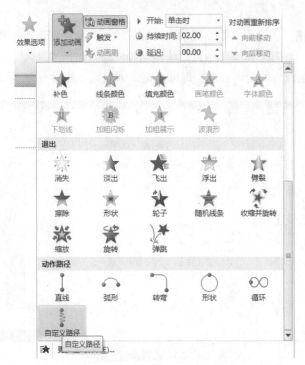

图 5-35　自定义路径

　　在幻灯片中按住鼠标左键并拖曳指针进行路径的绘制，绘制完成后双击鼠标即可，对象在沿自定义的路径预演一遍后将显示出绘制的路径。

5.3.2　切换效果设置

　　演示文稿放映过程中由一张幻灯片进入另一张幻灯片的效果就是幻灯片的切换效果，PowerPoint 2010 提供了多种幻灯片的切换效果，通过设置幻灯片的切换效果可使幻灯片放映更生动且具有趣味性。

1. 添加切换效果

　　选定要设置切换方式的幻灯片，单击"切换"→"切换到此幻灯片"命令，选择需要的幻灯片切换方式，对要添加不同切换效果的幻灯片重复执行以上步骤，就可以实现每一张幻灯片的切换方式都不同。若单击了某种切换效果后，再单击"全部应用"，即可给所有幻灯片添加同一种切换效果。

2. 设置切换效果

　　可以在"切换到此幻灯片"选项区域中修改幻灯片的切换效果，每单击一次切换方式，系统会自动在预览窗口中播放切换效果。在"计时"区域中调整"延续时间"可改变幻灯片切换的速度，在"声音"下拉列表中可选择切换时的声音。在"换片方式"选项组中，可以设置切换幻灯片的控制方式，用户可以用鼠标控制，也可以设定时间间隔，由程序自动来完成切换任务。如要查看效果，可以直接单击"预览"按钮，则在主窗口中可以看到切换效果。

5.3.3　幻灯片放映设置

在放映幻灯片前，可以对放映方案进行设置，我们可以根据需要选择不同的放映类型，通过自定义放映的形式有选择地放映演示文稿中的部分幻灯片。

1. 设置放映方式

在放映幻灯片时，可以对幻灯片放映进行一些特殊设置。打开需要设置的演示文稿，单击"幻灯片放映"→"设置"→"设置幻灯片放映"命令，打开"设置放映方式"对话框，可以设置放映类型、放映幻灯片的张数、换片方式等操作，如图 5-36 所示。

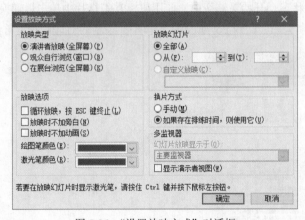

图 5-36　"设置放映方式"对话框

2. 应用排练计时

排练计时就是预演的时间，单击"幻灯片放映"→"设置"→"排练计时"命令，程序将会自动进入放映排练状态，窗口左上角出现"录制"工具栏，在该工具栏中可以显示预演的时间。在放映屏幕中单击鼠标，可以排练下一个动画或下一张幻灯片出现的时间，鼠标指针停留的时间就是下一张幻灯片显示的时间。显示结束后将弹出提示对话框，询问是否保留排练时间，单击"确认"按钮，幻灯片浏览视图中每张幻灯片的左下角将显示该幻灯片的放映时间，如图 5-37 所示。

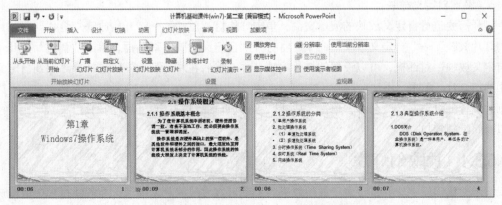

图 5-37　排练计时后的幻灯片浏览视图

3. 隐藏幻灯片

当暂时不使用某张幻灯片时，可以暂时隐藏此幻灯片。选择幻灯片，单击"幻灯片放映"→"设置"→"隐藏幻灯片"命令，或者单击鼠标右键，在快捷菜单中选择"隐藏幻灯片"，即可隐藏该幻灯片。被隐藏的幻灯片在其编号的四周出现一个边框，边框中还有一个斜对角线，表示该幻灯片已经被隐藏，在播放演示文稿时，会自动跳过该幻灯片而播放下一张幻灯片，如图 5-38 所示。

4. 录制旁白

在放映幻灯片时如果没有现场讲解可以提前录制旁白，选择需要录制旁白的幻灯片，单击"幻灯片放映"→"设置"→"录制幻灯片演示"→"从头开始录制"/"从当前幻灯片开始录制"命令，将弹出"录制幻灯片演示"对话框，如图 5-39 所示，选择"旁白和激光笔"复选框。单击"开始录制"，进入幻灯片放映状态，开始录制旁白，使用鼠标在幻灯片中单击以切换到下一张幻灯片，按下"Esc"键将停止录制旁白，回到 PowerPoint 窗口中，录制的幻灯片右下角会出来一个声音图标。

图 5-38　隐藏幻灯片

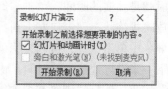

图 5-39　"录制幻灯片演示"对话框

5. 设置自定义放映

打开需要进行自定义放映的演示文稿，单击"幻灯片放映"→"开始放映幻灯片"→"自定义幻灯片放映"→"自定义放映"命令，将打开"自定义放映"对话框，单击"新建"打开"定义自定义放映"对话框，可以设置幻灯片放映名称，然后在左侧列表框中选择要添加到自定义放映中的幻灯片，单击"添加"，设置结束单击"确定"按钮，在"自定义放映"对话框中，可以看到刚才设置的自定义放映名称，单击"放映"，可以直接放映自定义设置的幻灯片，单击"关闭"可以返回编辑窗口。

5.3.4　放映幻灯片

演示文稿编辑完毕并且设置了放映效果后，就可以放映演示文稿了。在放映过程中可以进行换页等控制，还可以利用鼠标进行标注。

1. 启动放映

当设置好幻灯片放映方式后，单击"幻灯片放映"→"开始放映幻灯片"→"从头开始"命令，即可从第 1 张开始放映幻灯片；单击"从当前幻灯片开始"命令，即可从当前选择的幻灯片开始放映。

2. 幻灯片放映过程的控制

在放映幻灯片时，可以在幻灯片任意区域单击鼠标右键，在弹出的快捷菜单中选择"上一张"或"下一张"，可以跳至上一张或下一张幻灯片；选择"定位至幻灯片"，在弹出的子菜单中可以选择要播放的幻灯片；选择"暂停"命令按钮，可以停止播放，暂停播放后选择"继续"命令可以继续播放其他幻灯片。

3. 标注幻灯片

在幻灯片放映视图中选择需要添加标注的幻灯片，单击鼠标右键，在弹出的快捷菜单中选"指针选项"命令，在其子菜单中可以选择添加墨迹注释的笔形，再选择"墨迹颜色"命令，在其子菜单中选择一种颜色，按住鼠标左键在幻灯片中需要标注的部分拖动，即可书写或绘图。

4. 隐藏鼠标指针

在放映过程中如果不需要显示鼠标指针，可以将其隐藏。

在幻灯片放映视图中单击鼠标右键，在弹出的菜单中单击"指针选项"→"箭头选项"→"永远隐藏"命令，即可将鼠标指针永远隐藏起来，如图 5-40 所示。如果要重新显示鼠标指针，可以选择"自动"或"可见"命令。

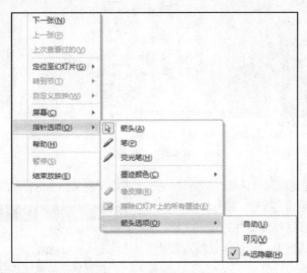

图 5-40　隐藏鼠标指针

5. 设置黑屏或白屏

在放映过程中，当演示者需要将听众的注意力集中到自己的讲话上时，可以将屏幕设置为白屏或黑屏效果以隐藏幻灯片上的内容。

在幻灯片放映视图中单击鼠标右键，在弹出的快捷菜单中选择"屏幕"，在其子菜单中可以选择"黑屏"或"白屏"命令，即可将屏幕切换为"黑屏"或"白屏"。

6. 切换程序

由于幻灯片播放时是全屏显示，所以在播放过程中需要使用其他软件时，操作起来就不那么方便了，这时就可以使用"切换程序"命令。在放映幻灯片中单击鼠标右键，在弹出的快捷菜单中选择"切换程序"命令，也可以在 Windows 的任务栏中单击需要打开的应用程序或按键盘上的 Windows 键切换程序。

5.3.5 幻灯片链接操作

在 PowerPoint 2010 中，超链接是从一张幻灯片到同一演示文稿中的另一张幻灯片的链接（如到自定义放映的超链接），或是从一张幻灯片到不同演示文稿中的另一张幻灯片、电子邮件地址、网页或文件的链接。创建超级链接的方法主要有以下 3 种。

1. 利用超链接按钮创建超链接

鼠标选中需要创建超链接的对象，例如：选中幻灯片中"5.1 PowerPoint 2010 概述"文字，单击"插入"→"超链接"命令；或者鼠标右击对象文字，在弹出的快捷菜单单击出现的"超链接"选项，如图 5-41 所示。

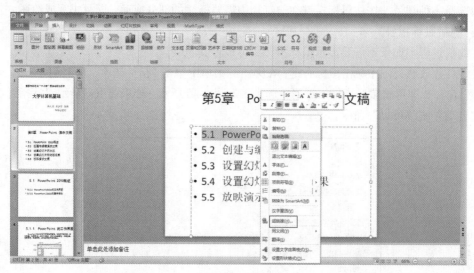

图 5-41　超链接

接着弹出"插入超链接"对话框，单击"书签"，弹出"在文档中选择位置"对话框，选中需要链接的幻灯片，单击"确定"按钮，如图 5-42 所示。

也可以让对象链接到外部文件的相关文档，在"插入超链接"对话框中"地址"处输入需要链接的网络地址即可。

2. 利用"动作设置"创建超链接

同样选中需要创建超链接的对象（文字或图片等），单击"插入"→"链接"→"动作"，如图 5-43 所示。

弹出"动作设置"对话框后，在对话框中有两个选项卡"单击鼠标"与"鼠标移过"，如图 5-44 所示。

通常选择默认的"单击鼠标"，单击"超链接

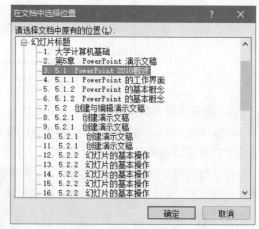

图 5-42　"在文档中选择位置"对话框

到"选项，打开超链接选项下拉菜单，根据实际情况选择其一，如选择"幻灯片"，然后单击"确定"按钮即可。若要将超链接的范围扩大到其他演示文稿或 PowerPoint 以外的文件中去，只需要在选项中选择"其他 PowerPoint 演示文稿…"或"其他文件…"选项即可。

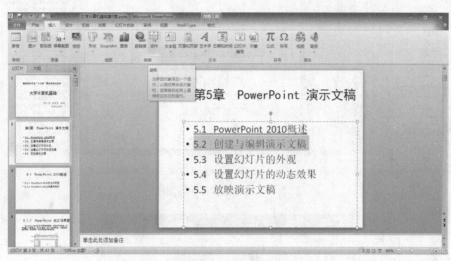

图 5-43　选择动作按钮

单击"确定"按钮后弹出"超链接到幻灯片"对话框，从下拉列表中选择需要连接的幻灯片，单击"确定"即可完成超链接，如图 5-45 所示。

图 5-44　"动作设置"对话框

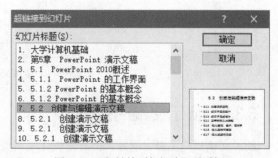

图 5-45　"超链接到幻灯片"对话框

完成超链接后，选择文字会加上下划线，文字字体颜色是蓝色，表示超级链接创建成功。如果想要更改文字的颜色，可以单击"设计"→"主题"→"颜色"命令修改超链接字体的颜色，在下拉菜单中选择"新建主题颜色"，如图 5-46 所示。

在弹出的"新建主题颜色"窗口中的最下面，就可以看到"超链接"和"已访问的超链接"，我们就可以任意设置颜色。设置好后可以在右边的"示例"中看到超链接的效果，如图 5-47 所示。

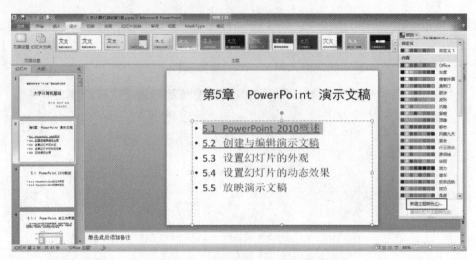

图 5-46 设置超链接字体颜色

图 5-47 超链接文字的颜色效果

5.3.6 演示文稿的打印

演示文稿虽然主要是演示，但有时候还是需要将它打印出来，例如在会议结束后可以将会议上用的演示文稿打印出来作为开会人员的会议资料。

1. 设置页面属性

打开准备打印的演示文稿，单击"设计"→"页面设置"命令，打开"页面设置"对话框，在其中可以设置幻灯片的大小、宽度、高度、幻灯片编号起始值、幻灯片方向等其他属性值，如图 5-48 所示。

2. 设置页眉和页脚

选择需要设置页眉和页脚的幻灯片，单击"插入"→"文本"→"页眉页脚"命令，将打开"页眉页脚"对话框，如图 5-49 所示。

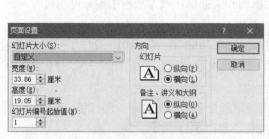

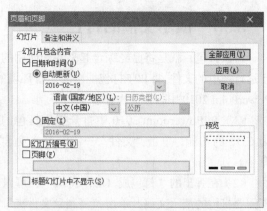

图 5-48 "页面设置"对话框　　　　　　图 5-49 "页眉和页脚"对话框

　　选中"日期和时间"复选框，如果想让添加的日期和时间与幻灯片放映的日期一致，则选中"自动更新"选项，如果只想显示演示文稿完成的日期，可以选中"固定"选项，并输入日期。

　　选中"幻灯片编号"复选框可以对幻灯片编号，当添加或删除幻灯片时编号会自动更新；选中"页脚"复选框，可以在下方文本框中输入文本信息；选中"标题幻灯片中不显示"复选框可以不在标题幻灯片中显示页眉和页脚内容，设置完成后，单击"应用"或"全部应用"按钮，即可将以上设置应用到当前幻灯片或应用到所有幻灯片。

3. 打印演示文稿

　　打开需要打印的演示文稿，单击"文件"→"打印"命令，即可显示打印选项，如图 5-50 所示。

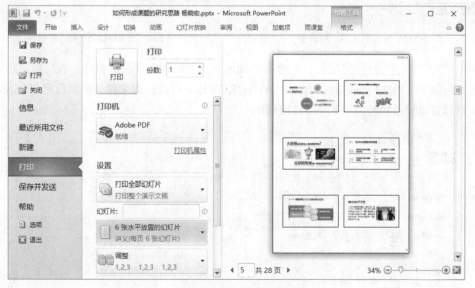

图 5-50 设置打印选项

　　在"份数"选项后面的文本框中可以输入需要打印的份数；在"设置"下的幻灯片文本框中选择全部幻灯片或者自定义打印范围，如果输入"1-3,6"，表示打印第 1 页、第 2 页、第 3 页、第 6 页；单击"整页幻灯片"按钮，在弹出的菜单中可以选择打印版式和每页打印几张幻灯片。

5.3.7　演示文稿的打包

　　所谓打包，就是将已经综合起来共同使用的单个或多个独立文件集成在一起，生成一种独立于运行环境的文件。将PPT打包能解决运行环境的限制和文件损坏或无法调用等不可预料的问题。PowerPoint 2010中打包的操作步骤如下。

　　（1）在Powerpoint 2010中打开想要打包的演示文稿，Powerpoint 2010提供了一个"打包为CD"的功能，单击"文件"→"保存并发送"→"将演示文稿打包成CD"→"打包成CD"命令。

　　（2）在弹出的"打包成 CD"窗口中，可以选择添加更多的演示文稿一起打包，也可以删除不需要打包的演示文稿，单击"复制到文件夹"按钮，如图5-51所示。

　　（3）在"复制到文件夹"对话框中选择路径和演示文稿打包后的文件夹名称，可以选择想要存放的位置路径，也可以保持默认不变，系统默认有"在完成后打开文件夹"的功能，不需要可以取消掉"完成后打开文件夹"复选框前面的勾，如图5-52所示。

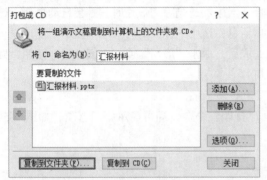

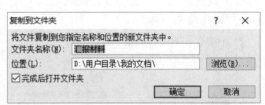

图 5-51　"打包成 CD"对话框　　　　　　图 5-52　"复制到文件夹"对话框

　　（4）单击"确定"打包完成后，系统会自动运行"复制到文件夹"程序，在完成之后自动弹出打包好的演示文稿文件夹，其中有一个AUTORUN.INF自动运行文件，如果已经打包到CD光盘上，则具备自动播放功能，如图5-53所示。

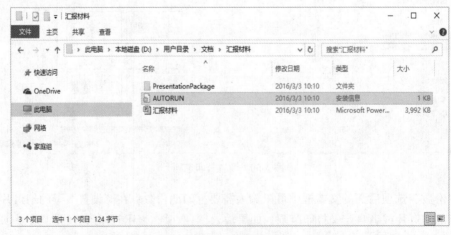

图 5-53　打包 CD

第6章 网络基础与 Internet 应用

计算机网络是计算机技术和通信技术相结合的一种新技术，它使得人们不受时间、空间等各种因素的限制，实现计算机之间相互通信、资源共享，提高了系统利用率。计算机网络，特别是 Internet 技术的发展，已经成为推动社会发展的重要因素。本章我们主要介绍计算机网络的一些基本概念及 Internet 的一些简单应用。

6.1 收发电子邮件

1. 申请电子邮箱

启动浏览器，登录网易邮箱申请页面，出现邮箱登录界面，如图 6-1 所示。单击"注册网易免费邮"后进入邮箱注册页面，如图 6-2 所示。页面中有"注册字母邮箱""注册手机号码邮箱"和"注册 VIP 邮箱"3 个选项卡，默认选项为"注册手机号码邮箱"，也可以根据需求选择其他选项进行注册。如果选择"注册手机号码邮箱"，手机号就是用户名，通过手机短信验证后输入密码，单击"立即注册"，进入二维码扫描页面，扫描后即可完成注册。

图 6-1　网易邮箱登录界面图

图 6-2　网易邮箱注册页面

2. 电子邮箱登录

电子邮箱注册成功后，可以通过二维码扫描或输入用户名和密码两种方式登录。如果用手机登录必须下载并安装手机客户端软件"网易邮箱大师.apk"。

3. 发送电子邮件

若要撰写电子邮件，可单击"写信"，进入图6-3所示的电子邮件发送页面，在该页面逐项添加邮件信息。

图 6-3　电子邮件发送界面

（1）添加收件人：在"收件人"文本框中输入收件人邮箱地址，如果需要将邮件同时发送给多个联系人，可以输入多个邮件地址，地址间用分号或逗号隔开。

（2）设置主题：在"主题"文本框中输入邮件的主题，这里所说的主题就是邮件的标题，主题将显示在收件人"收件箱"的邮件列表中，是收件人区分邮件的主要依据之一。

（3）添加附件：邮件用户可以在邮件中加入图片、视频、文本等各类文件，单击"添加附件"按钮即可弹出"选择文件"对话框，添加附件文件。如果没有设置主题，在主题文本框中就会出现所添加附件的文件名。

（4）输入邮件正文：在邮件正文区域中，用户可以输入邮件的正文内容，可以添加文字、图片、表格等，在正文区域中文本的编辑方式与 Word 文本编辑方式类似。

完成邮件创建后，单击"发送"按钮发送邮件，若邮件发送成功，页面上将显示"发送成功"的提示信息，如果邮件接收方是手机邮箱，可选择"免费短信通知"，以短信方式告知接收方。

6.2　信息检索与文献查询

中国知网是以实现全社会知识资源传播共享与增值利用为目标的信息化建设项目，由清华大学、清华同方发起，始建于1999年6月，面向海内外读者提供中国学术文献、外文文献、学位论文、报纸、会议、年鉴、工具书等各类资源的统一检索、统一导航、在线阅读和下载服务。

1. 中国知网服务内容

（1）中国知识资源总库

提供 CNKI 源数据库、外文类、工业类、农业类、医药卫生类、经济类和教育类多种数据库。其中综合性数据库为中国期刊全文数据库、中国博士学位论文数据库、中国优秀硕士学位论文全文数据库、中国重要报纸全文数据库和中国重要会议论文全文数据库。每个数据库都提供初级检索、高级检索和专业检索 3 种检索功能。高级检索功能最常用。

（2）数字出版平台

数字出版平台是国家"十一五"重点出版工程。数字出版平台提供学科专业数字图书馆和行业图书馆。个性化服务平台有个人数字图书馆、机构数字图书馆、数字化学习平台等。

（3）文献数据评价

2010 年推出的《中国学术期刊影响因子年报》在全面研究学术期刊、博硕士学位论文、会议论文等各类文献对学术期刊文献的引证规律基础上，其研制者首次提出了一套全新的期刊影响因子指标体系，并制定了我国第一个公开的期刊评价指标统计标准——《〈中国学术期刊影响因子年报〉数据统计规范》，为期刊出版管理部门和主办单位等分析评价学术期刊学科与研究层次类型布局、期刊内容特点与质量、各类期刊发展走势等管理工作提供决策参考。

（4）知识检索

精确完整的搜索结果、独具特色的文献排序与聚类，是您科研的得力助手。

2. 单库检索

在单库检索模式下，按照设定的条件在当前选定的单个数据库中进行检索。在中国知网首页，可以在"资源总库""国际文献总库""行业知识服务平台""个人/机构数字图书馆" 4 个选项中选择要检索的数据库源。图 6-4 所示为资源总库中所包含的源数据库，从中选择相关的数据库进入单库检索页面（如图 6-5 所示）。

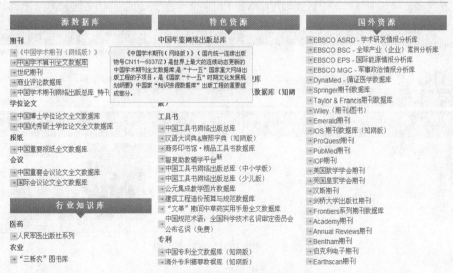

图 6-4　中国知网数据库源选择页面

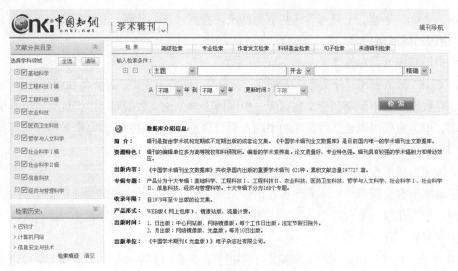

图 6-5　中国知网单库检索页面

在单库检索页面左侧可以选择学科领域、页面上方是检索控制条件设置区，分检索、高级检索、专业检索、作者发文检索、科研基金检索、句子检索、来源辑刊检索 7 个检索选项卡，在不同的选项卡中可以设置不同的检索条件。

3. 跨库检索

跨库检索可以根据设定的条件在指定的多个数据库中同时进行检索。CNKI 文献检索首页默认的就是一种跨库检索模式，如图 6-6 所示。在"文献全部分类"下拉列表中可以逐级设置文献所属的学科类别，使文献检索更具针对性。页面中靠上的区域是检索控制条件设置区，可以设置要检索文件所属类别是期刊、硕博士论文、会议、报纸、外文文献等。

图 6-6　中国知网跨库检索页面

在接下来的"检索"选项中可以按作者、篇名、关键词等设置检索条件，在"检索"文本框中输入条件值。

例如，要在"互联网技术"学科相关"期刊"中检索关键词为"计算机网络"的论文，结果如图 6-7 所示。可以在检索结果中查阅论文的作者、摘要、参考文献等相关资料，也可以进行全文下载。

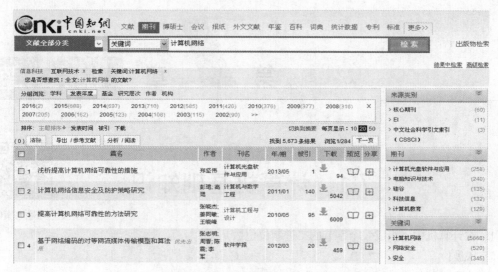

图 6-7　检索关键词为"计算机网络"论文的检索结果

7.1 计算机基础知识

配套习题答案解析

1. 在计算机中，组成一个字节的二进制位位数是（ ）。

 A. 1 B. 2 C. 4 D. 8

2. 将十进制数 35 转换成二进制数是（ ）。

 A. 100011 B. 100111 C. 111001 D. 110001

3. 已知英文字母 m 的 ASCII 码值是 109，那么英文字母 j 的 ASCII 码值是（ ）。

 A. 111 B. 105 C. 106 D. 112

4. 在微机中，西方字符所采用的编码是（ ）。

 A. EBCDIC 码 B. ASCII 码 C. 国际码 D. BCD 码

5. 某台微机安装的是 64 位操作系统，"64 位"指的是（ ）。

 A. CPU 的运算速度，即 CPU 每秒钟能计算 64 位二进制数据

 B. CPU 的字长，即 CPU 每次能处理 64 位二进制数据

 C. CPU 的时钟主频

 D. CPU 的型号

6. 小明的手机还剩余 6GB 存储空间，如果每个视频文件为 280MB，他可以下载到手机中的视频文件数量为（ ）。

 A. 60 B. 21 C. 15 D. 32

7. 度量计算机运算速度常用的单位是（ ）。

 A. MIPS B. MHz C. MB/s D. Mbit/s

8. 下列设备组中，完全属于计算机输出设备的一组是（ ）。

 A. 喷墨打印机，显示器，键盘 B. 激光打印机，键盘，鼠标器

 C. 键盘，鼠标器，扫描仪 D. 打印机，绘图仪，显示器

9. 下列设备组中，完全属于输入设备的一组是（ ）。

 A. CD-ROM 驱动器，键盘，显示器 B. 绘图仪，键盘，鼠标器

 C. 键盘，鼠标器，扫描仪 D. 打印机，硬盘，条码阅读器

10. 计算机的指令系统能实现的运算有（ ）。

 A. 数值运算和非数值运算 B. 算术运算和逻辑运算

C. 图形运算和数值运算 　　　　　　D. 算术运算和图像运算

11. 全高清视频的分辨率为 1920 像素×1080 像素，一张真彩色像素的 1920 像素×1080 像素的 BMP 数字格式图像所需存储空间是（ 　　　）。

　　A. 1.98MB 　　　　　B. 2.96MB 　　　　　C. 5.93MB 　　　　　D. 7.91MB

12. 若对音频信号以 10kHz 采样率、16 位量化精度进行数字化，则每分钟的双声道数字化声音信号产生的数据量约为（ 　　　）。

　　A. 1.2MB 　　　　　B. 1.6MB 　　　　　C. 2.4MB 　　　　　D. 4.8MB

7.2 Windows 7 操作系统

1. 在 Windows 操作系统中，磁盘维护包括硬盘的检查、清理和碎片整理等功能，碎片整理的目的是（ 　　　）。

　　A. 删除磁盘小文件 　　　　　　　　B. 获得更多磁盘可用空间

　　C. 优化磁盘文件存储 　　　　　　　D. 改善磁盘的清洁度

2. 在 Windows 操作系统中，磁盘维护包括硬盘的检查、清理和碎片整理等功能，磁盘清理的目的是（ 　　　）。

　　A. 提高磁盘存取速度 　　　　　　　B. 获得更多磁盘可用空间

　　C. 优化磁盘文件存储 　　　　　　　D. 改善磁盘的清洁度

3. Windows 7 操作系统是（ 　　　）。

　　A. 单用户单任务系统 　　　　　　　B. 单用户多任务系统

　　C. 多用户多任务系统 　　　　　　　D. 多用户单任务系统

4. "Ctrl+Alt+Del" 组合键的作用是（ 　　　）。

　　A. 停止计算机工作 　　　　　　　　B. 进行开机准备

　　C. 热启动计算机 　　　　　　　　　D. 冷启动计算机

5. 在 Windows 7 中，能弹出对话框的操作是（ 　　　）。

　　A. 选择了带省略号的菜单项 　　　　B. 选择了带向右三角形箭头的菜单项

　　C. 选择了颜色变灰的菜单项 　　　　D. 运行了与对话框对应的应用程序

7.3 Word 2010 文字处理软件

1. 在 Word 文档编辑过程中，如需将特定的计算机应用程序窗口画面作为文档的插图，最优的操作方法是（ 　　　）。

　　A. 使所需画面窗口处于活动状态，按下 "PrintScreen" 键，再粘贴到 Word 文档指定位置

　　B. 使所需画面窗口处于活动状态，按下 "Alt+PrintScreen" 组合键，再粘贴到 Word 文档指定位置

　　C. 利用 Word 插入 "屏幕截图" 功能，直接将所需窗口画面插入到 Word 文档指定位置

　　D. 在计算机系统中安装截屏工具软件，利用该软件实现屏幕画面的截取

2. 在 Word 文档中，学生 "张小民" 的名字被多次错误地输入为 "张晓明" "张晓敏" "张晓

民""张晓名"，纠正改错的最优操作方法是（　　　）。

    A．从前往后逐个查找错误的名字，并更正

    B．利用 Word "查找"功能搜索文本"张晓"，并逐一更正

    C．利用 Word "查找和替换"功能搜索文本"张晓*"，并将其全部替换为"张小民"

    D．利用 Word "查找和替换"功能搜索文本"张晓?"，并其全部替换为"张小民"

3．小王利用 Word 撰写专业学术论文时，需要在论文结尾处罗列出所有参考文献或书目，最优的操作方法是（　　　）。

    A．直接在论文结尾处输入所参考文献的相关信息

    B．把所有参考文献信息保存在一个单独表格中，然后复制到论文结尾处

    C．利用 Word 中的"管理源"和"插入书目"功能，在论文结尾处插入参考文献或书目列表

    D．利用 Word 中的"插入尾注"功能，在论文结尾处插入参考文献或书目列表

4．小明需要将 Word 文档内容以稿纸格式输出，最优的操作方法是（　　　）。

    A．适当调整文档内容的字号，然后将其直接打印到稿纸上

    B．利用 Word 中的"稿纸设置"功能即可

    C．利用 Word 中的"表格"功能绘制稿纸，然后将文字内容复制到表格中

    D．利用 Word 中的"文档网络"功能即可

5．小王需要在 Word 文档中将应用了"标题 1"样式的所有段落格式调整为"段前、段后各 12 磅，单倍行距"，最优的操作方法是（　　　）。

    A．将每个段落逐一设置为"段前、段后各 12 磅，单倍行距"

    B．将其中一个段落设置为"段前、段后各 12 磅，单倍行距"，然后利用格式刷功能将格式复制到其他段落

    C．修改"标题 1"样式，将其段落格式设置为"段前、段后各 12 磅，单倍行距"

    D．利用查找替换功能，将"样式：标题 1"替换为"行距：单倍行距，段落间距 段前：12 磅，段后：12 磅"

6．如果希望为一个多页的 Word 文档添加页面图片背景，最优的操作方法是（　　　）。

    A．在每一页中分别插入图片，并设置图片的环绕方式为衬于文字下方

    B．利用水印功能，将图片设置为文档水印

    C．利用页面填充效果功能，将图片设置为页面背景

    D．执行"插入"→"页面背景"命令，将图片设置为页面背景

7．将 Word 文档中的大写英文字母转换为小写，最优的操作方法是（　　　）。

    A．执行"开始"→"字体"→"更改大小写"命令

    B．执行"审阅"→"格式"→"更改大小写"命令

    C．执行"引用"→"字体"→"更改大小写"命令

    D．单击鼠标右键，执行右键菜单中的"更改大小写"命令

8．小华利用 Word 编辑一份书稿，出版社要求目录和正文的页码分别采用不同的格式，且均从第 1 页开始，最优的操作方法是（　　　）。

    A．将目录和正文分别存在两个文档中，分别设置页码

    B．在目录与正文之间插入分节符，在不同的节中设置不同的页码

    C．在目录与正文之间插入分页符，在分页符前后设置不同的页码

D. 在 Word 中不设置页码，将其转换为 PDF 格式时再增加页码

9. 小明的毕业论文分别请两位老师进行了审阅，每位老师分别通过 Word 的修订功能对该论文进行了修改。现在，小明需要将两份经过修订的文档合并为一份，最优的操作方法是（　　　）。

  A. 小明可以在一份修订较多的文档中，将另一份修订较少的文档修改内容手动对照补充进去

  B. 请一位老师在另一位老师修订后的文档中再进行一次修订

  C. 利用 Word 比较功能，将两位老师的修订合并到一个文档中

  D. 将修订较少的那部分舍弃，只保留修订较多的那份论文作为终稿

10. 小刘使用 Word 编写与互联网相关的文章时，文中频繁出现 "@" 符号，他希望能够在输入 "(a)" 后自动变为 "@"，最优的操作方法是（　　　）。

  A. 将 "(a)" 定义为自动更正选项

  B. 先全部输入为 "(a)"，最后再一次性替换为 "@"

  C. 将 "(a)" 定义为自动图文集

  D. 将 "(a)" 定义为文档部件

7.4　Excel 2010 电子表格软件

1. 在 Excel 工作表多个不相邻的单元格中输入相同的数据，最优的操作方法是（　　　）。

  A. 在其中一个位置输入数据，然后逐次将其复制到其他单元格

  B. 在输入区域最左上方的单元格中输入数据，双击填充柄，将其填充到其他单元格

  C. 在其中一个位置输入数据，将其复制后，利用 "Ctrl" 键选择其他全部输入区域，再粘贴内容

  D. 同时选中所有不相邻单元格，在活动单元格中输入数据，然后按 "Ctrl+Enter" 组合键

2. 小李在 Excel 中整理职工档案，希望 "性别" 一列只能从 "男" "女" 两个值中进行选择，否则系统提示错误信息，最优的操作方法是（　　　）。

  A. 通过 If 函数进行判断，控制 "性别" 列的输入内容

  B. 请同事帮忙进行检查，错误内容用红色标记

  C. 设置条件格式，标记不符合要求的数据

  D. 设置数据有效性，控制 "性别" 列的输入内容

3. 在 Excel 中，如需对 A1 单元格数值的小数部分进行四舍五入运算，最优的操作方法是（　　　）。

  A. =INT(A1)   B. =INT(A1+0.5)

  C. =ROUND(A1,0)   D. =ROUNDUP(A1,0)

4. 将 Excel 工作表 A1 单元格中的公式 SUM（B\$2:C\$4）复制到 B18 单元格后，原公式将变为（　　　）。

  A. SUM(C\$19:D\$19)   B. SUM(C\$2:D\$4)

  C. SUM(B\$19:C\$19)   D. SUM(B\$2:C\$4)

5. 在 Excel 工作表中存放了第一中学和第二中学所有班级总计 300 个学生的考试成绩，A 列到 D 列分别对应 "学校" "班级" "学号" "成绩"，利用公式计算第一中学 3 班的平均分，最优的

操作方法是（　　　）。

    A. =SUMIFS(D2:D301，A2:A301,"第一中学",B2:B301,"3 班")/COUNTIFS(A2:A301,"第一中学",B2:B301,"3 班")

    B. =SUMIFS(D2:D301,B2:B301,"3 班")/COUNTIFS(B2:B301,"3 班")

    C. =AVERAGEIFS(D2:D301,A2:A301,"第一中学",B2:B301,"3 班")

    D. =AVERAGEIF(D2:D301,A2:A301,"第一中学",B2:B301,"3 班")

6. 小金从网站上查到了最近一次全国人口普查的数据表格，他准备将这份表格中的数据引用到 Excel 中以便进一步分析，最优的操作方法是（　　　）。

    A. 对照网页上的表格直接将数据输入到 Excel 工作表中

    B. 通过复制粘贴功能，将网页上的表格复制到 Excel 工作表中

    C. 通过 Excel 中的"自网站获取外部数据"功能，直接将网页上的表格导入到 Excel 工作表中

    D. 先将包含表格的网页保存为.htm 或.html 格式文件，然后在 Excel 中直接打开该文件

7. 小胡利用 Excel 对销售人员的销售额进行统计，销售工作表中已包含每位销售人员对应的产品销量，且产品销售单价为 308 元，计算每位销售人员销售额的最优操作方法是（　　　）。

    A. 直接通过公式"=销量*308"计算销售额

    B. 将单价 308 定义名称为"单价"，然后在计算销售额的公式中引用该名称

    C. 将单价 308 输入到某个单元格中，然后在计算销售额的公式中绝对引用该单元格

    D. 将单价 308 输入到某个单元格中，然后在计算销售额的公式中相对引用该单元格

8. 老王正在 Excel 中计算员工本年度的年终奖金，他希望与存放在不同工作簿中的前三年奖金发放情况进行比较，最优的操作方法是（　　　）。

    A. 分别打开前三年的奖金工作簿，将它们复制到同一个工作表中进行比较

    B. 通过全部重排功能将 4 个工作簿平铺在屏幕上进行比较

    C. 通过并排查看功能，分别将今年与前三年的数据两两进行比较

    D. 打开前三年的奖金工作簿，需要比较时在每个工作簿窗口之间进行切换查看

9. 钱经理正在审阅借助 Excel 统计的产品销售情况，他希望能够同时查看这个千行千列的超大工作表的不同部分，最优的操作方法（　　　）。

    A. 将该工作簿另存几个副本，然后打开并重排这几个工作簿以分别查看不同的部分

    B. 在工作表合适的位置冻结拆分窗格，然后分别查看不同的部分

    C. 在工作表合适的位置拆分窗口，然后分别查看不同的部分

    D. 在工作表中新建几个窗口，重排窗口后在每个窗口中查看不同的部分

10. 小王要将一份通过 Excel 整理的调查问卷统计结果送交经理审阅，这份调查表包含统计结果和中间数据两个工作表。他希望经理无法看到其存放中间数据的工作表最优的操作方法是（　　　）。

    A. 将存放中间数据的工作表删除

    B. 将存放中间数据的工作表移动到其他工作簿保存

    C. 将存放中间数据的工作表隐藏，然后设置保护工作表隐藏

    D. 将存放中间数据的工作表隐藏，然后设置保护工作簿结构

7.5 PowerPoint 2010 演示文稿软件

1. 若需在 PowerPoint 演示文稿的每张幻灯片中添加包含单位名称的水印效果，最优的操作方法是（　　）。

    A. 制作一个带单位名称的水印背景图片，然后将其设置为幻灯片背景

    B. 添加包含单位名称的文本框，并置于每张幻灯片的底层

    C. 在幻灯片母版的特定位置放置包含单位名称的文本框

    D. 利用 PowerPoint 插入"水印"功能实现

2. 邱老师在学期总结 PowerPoint 演示文稿中插入了一个 SmartArt 图形，她希望将该 SmartArt 图形的动画效果设置为逐个形状播放，最优的操作方法是（　　）。

    A. 为该 SmartArt 图形选择一个动画类型，然后再进行适当的动画效果设置

    B. 只能将 SmartArt 图形作为一个整体设置动画效果，不能分开指定

    C. 先将该 SmartArt 图形取消组合，然后再为每个形状依次设置动画

    D. 先将该 SmartArt 图形转换为形状，然后取消组合，再为每个形状依次设置动画

3. 设置 PowerPoint 演示文稿中的 SmartArt 图形动画，要求一个分支形状展示完成后再展示下一分支形状内容，最优的操作方法是（　　）。

    A. 将 SmartArt 动画效果设置为"整批发送"

    B. 将 SmarArt 动画效果设置为"一次按级别"

    C. 将 SmartArt 动画效果设置为"逐个按分支"

    D. 将 SmartArt 动画效果设置为"逐个按级别"

4. 可以在 PowerPoint 同一窗口显示多张幻灯片，并在幻灯片下方显示编号的视图是（　　）。

    A. 普通视图   B. 幻灯片浏览视图

    C. 备注页视图   D. 阅读视图

5. 在 PowerPoint 演示文稿中通过分节组织幻灯片，如果要选中某一节内的所有幻灯片，最优的操作方法是（　　）。

    A. 按"Ctrl+A"组合键

    B. 选中该节的一张幻灯片，然后按住"Ctrl"键，逐个选中该节的其他幻灯片

    C. 选中该节的第一张幻灯片，然后按住"Shift"键，单击该节的最后一张幻灯片

    D. 单击节标题

6. 小梅需将 PowerPoint 演示文稿内容制作成一份 Word 版本讲义，以便后续可以灵活编辑及打印，最优的操作方法是（　　）。

    A. 将演示文稿另存为"大纲/RTF 文件"格式，然后在 Word 中打开

    B. 在 PowerPoint 中利用"创建讲义"功能，直接创建 Word 讲义

    C. 将演示文稿中的幻灯片以粘贴对象的方式一张张复制到 Word 文档中

    D. 切换到演示文稿的"大纲"视图，将大纲内容直接复制到 Word 文档中

7. 小刘正在整理公司各产品线介绍的 PowerPoint 演示文稿，因幻灯片内容较多，不易于对各产品线演示内容进行管理。快速分类和管理幻灯片的最优操作方法是（　　）。

    A. 将演示文稿拆分成多个文档，按每个产品线生成一份独立的演示文稿

B. 为不同的产品线幻灯片分别指定不同的设计主题，以便浏览

C. 利用自定义幻灯片放映功能，将每个产品线定义为独立的放映单元

D. 利用节功能，将不同的产品线幻灯片分别定义为独立节

8. 如果希望每次打开 PowerPoint 演示文稿时，窗口中都处于幻灯片浏览视图，最优的操作方法是（　　　）。

A. 通过"视图"选项卡上的"自定义视图"按钮进行指定

B. 每次打开演示文稿后，通过"视图"选项卡切换到幻灯片浏览视图

C. 每次保存并关闭演示文稿前，通过"视图"选项卡切换到幻灯片浏览视图

D. 在后台视图中，通过高级选项设置用幻灯片浏览视图打开全部文档

9. 小马正在制作有关员工培训的新演示文稿，他想借鉴自己以前制作的某个培训文稿中的部分幻灯片，最优的操作方法是（　　　）。

A. 将原演示文稿中有用的幻灯片——复制到新文稿

B. 放弃正在编辑的新文稿，直接在原演示文稿中进行增删修改，并另行保存

C. 通过"重用幻灯片"功能将原文稿中有用的幻灯片引用到新文稿中

D. 单击"插入"选项卡上的"对象"按钮，插入原文稿中的幻灯片

10. 在 PowerPoint 演示文稿中利用"大纲"窗格组织、排列幻灯片中的文字时，输入幻灯片标题后进入下一级文本输入状态的最快捷方法是（　　　）。

A. 按"Ctrl+Enter"组合键

B. 按"Shift+Enter"组合键

C. 按回车键"Enter"后，从右键菜单中选择"降级"

D. 按回车键"Enter"后，再按"Tab"键

7.6　网络基础与 Internet 应用

1. 以下不属于计算机网络的主要功能的是（　　　）。

A. 专家系统　　　B. 数据通信　　　C. 分布式信息处理　　D. 资源共享

2. 在 Internet 中实现信息浏览查询服务的是（　　　）。

A. DNS　　　　　B. FTP　　　　　C. WWW　　　　　D. ADSL

3. 在 Internet 中完成从域名到 IP 地址或者从 IP 地址到域名转换服务的是（　　　）。

A. DNS　　　　　B. FTP　　　　　C. WWW　　　　　D. ADSL

4. 某家庭采用 ADSL 宽带接入方式连接 Internet，ADSL 调制解调器连接一个无线路由器，家中的计算机、手机、电视机、PAD 等设备均可通过 Wi-Fi 实现无线上网，该网络拓扑结构是（　　　）。

A. 环型拓扑　　　B. 总线型拓扑　　C. 网状拓扑　　　D. 星型拓扑

5. 某企业为了建立一个可供客户在互联网上浏览的网站，需要申请一个（　　　）。

A. 密码　　　　　B. 邮编　　　　　C. 门牌号　　　　D. 域名

6. （　　　）拓扑结构是将网络中的各个节点通过中继器连接成的一个闭合环路。

A. 星型　　　　　B. 树型　　　　　C. 总线型　　　　D. 环型

7. 消费者与消费者之间通过第三方电子商务平台进行交易的电子商务模式是（　　　）。

A. C2C　　　　　B. O2O　　　　　C. B2B　　　　　D. B2C

8. Internet 的四层结构分别为（　　　）。

　　A. 应用层、传输层、通信子网层、物理层

　　B. 应用层、表示层、传输层、网络层

　　C. 物理层、数据链路层、网络层、传输层

　　D. 网络接口层、网络层、传输层、应用层

7.7　公共基础知识

1. 下列叙述中正确的是（　　　）。

　　A. 算法的复杂度包括时间复杂度和空间复杂度

　　B. 算法的复杂度是指算法控制结构的复杂程度

　　C. 算法的复杂度是指算法程序中指令的数量

　　D. 算法的复杂度是指算法所处理的数据量

2. 下列叙述中正确的是（　　　）。

　　A. 非线性结构可以为空

　　B. 只有一个根结点和一个叶子结点的必定是线性结构

　　C. 只有一个根结点的必定是线性结构或二叉树

　　D. 没有根结点的一定是非线性结构

3. 在线性表的顺序存储结构中，其存储空间连续，各个元素所占的字节数（　　　）。

　　A. 不同，但元素的存储顺序与逻辑顺序一致

　　B. 不同，且其元素的存储顺序可以与逻辑顺序不一致

　　C. 相同，元素的存储顺序与逻辑顺序一致

　　D. 相同，但其元素的存储顺序可以与逻辑顺序不一致

4. 设栈的顺序存储空间为 S(1:50)，初始状态为 top=0。经过一系列正常的入栈与退栈操作后，top=m+1，则栈中的元素个数为（　　　）。

　　A. 0　　　　　　　　B. m　　　　　　　　C. 不可能　　　　　　　　D. m+1

5. 下列处理中与队列有关的是（　　　）。

　　A. 二叉树的遍历　　　　　　　　B. 操作系统的作业调度

　　C. 程序执行中的过程调度　　　　D. 执行程序中的循环控制

6. 设循环队列的存储空间为 Q(1:m)，初始状态为空。现经过一系列正常的入栈和退栈操作后，front=m，rear=m-1，此后从该循环队列中删除一个元素，则队列中的元素个数为（　　　）。

　　A. m-1　　　　　　B. m-2　　　　　　C. 0　　　　　　D. 1

7. 线性表的链式存储结构与顺序存储结构相比，链式存储结构的优点有（　　　）。

　　A. 节省存储空间　　　　　　　　B. 插入与删除运算效率高

　　C. 便于查找　　　　　　　　　　D. 排序时减少元素的比较次数

8. 某棵树中共有 25 个结点，且只有度为 3 的结点和叶子结点，其中叶子结点有 7 个，则该树中度为 3 的结点数为（　　　）。

　　A. 6　　　　　　　　B. 7　　　　　　　　C. 8　　　　　　　　D. 不存在这样的树

9. 某完全二叉树共有 256 个结点，则该完全二叉树的深度为（　　）。

    A. 7　　　　　　　　B. 8　　　　　　　　C. 9　　　　　　　　D. 10

10. 设顺序表的长度为 16，对该表进行简单的插入排序。在最坏的情况下需要的比较次数为（　　）。

    A. 120　　　　　　　B. 60　　　　　　　　C. 30　　　　　　　　D. 15

11. 下列属于良好的程序设计风格的是（　　）。

    A. 源程序文档化　　　　　　　　　　　B. 程序效率第一

    C. 随意使用无条件转移语句　　　　　　D. 希尔排序和堆排序

12. 结构化程序设计的 3 种基本控制结构式为（　　）。

    A. 顺序、选择和调用　　　　　　　　　B. 过程、子程序和分程序

    C. 顺序、选择和重复　　　　　　　　　D. 调用、返回和转移

13. 下面对"对象"的描述正确的是（　　）。

    A. 属性就是对象　　　　　　　　　　　B. 操作是对象的动态属性

    C. 任何对象都必须有继承性　　　　　　D. 对象是对象名和方法的封装体

14. 下列不属于对象的主要特征的是（　　）。

    A. 对象唯一性　　　　　　　　　　　　B. 对象分类型

    C. 对象多态性　　　　　　　　　　　　D. 对象可移植性

15. 将自然数集设为整数类 I，则下面属于类 I 的实例是（　　）。

    A. -518　　　　　　　B. 5.18　　　　　　　C. 518　　　　　　　D. 518E-2

16. 下列叙述中正确的是（　　）。

    A. 软件过程是软件开发过程

    B. 软件过程是软件维护过程

    C. 软件过程是软件开发和软件维护过程

    D. 软件过程是把输入转化为输出的一组彼此相关的资源和活动

17. 下面可以作为软件需求分析工具的是（　　）。

    A. N-S 图　　　　　B. 程序流程图　　　C. PAD 图　　　　D. 数据流程图

18. 软件测试的目的是（　　）。

    A. 发现程序中的错误　　　　　　　　　B. 发现并改正程序中的错误

    C. 执行测试用例　　　　　　　　　　　D. 诊断和改正程序中的错误

19. 使用白盒测试方法时，测试用例应根据（　　）设计。

    A. 程序的内部逻辑　　　　　　　　　　B. 程序的复杂程度

    C. 程序的功能　　　　　　　　　　　　D. 使用说明书

20. 数据库（DB）、数据库系统（DBS）和数据库管理系统（DBMS）之间的关系是（　　）。

    A. DBS 就是 DB，也就是 DBMS　　　　B. DBS 包括 DB 和 DBMS

    C. DB 包括 DBS 和 DBMS　　　　　　D. DBMS 包括 DB 和 DBS

21. 数据库系统中完成查询操作使用的语言是（　　）。

    A. 数据操纵语言　　　　　　　　　　　B. 数据定义语言

    C. 数据控制语言　　　　　　　　　　　D. 数据并发语言

22. 在数据库管理技术发展的 3 个阶段中，没有专门的软件对数据进行管理的是（　　）。

    A. 文件系统阶段　　　　　　　　　　　B. 人工管理阶段

C. 文件系统和数据库阶段   D. 人工管理阶段和文件系统阶段

23. 建立表示学生选修课程活动的实体联系模型，其中的两个实体分别是（ ）。

  A. 学生和学号   B. 课程和课程号

  C. 课程和成绩   D. 学生和课程

24. 用树型结构表示实体之间联系的模型是（ ）。

  A. 层次模型   B. 关系模型

  C. 网状模型   D. 运算模型

25. 有 3 个关系 R、S 和 T 如下图所示。

R		
A	B	C
a	1	12
b	2	11
c	3	11
e	4	15

S		
A	B	C
d	3	12
c	3	11

T		
A	B	C
c	3	11

则关系 T 由关系 R 和 S 通过（ ）得到。

  A. 交   B. 差   C. 选择   D. 并

26. 有 3 个关系 R、S 和 T 如下图所示。

R		
A	B	C
a	1	2
b	2	1
c	3	1
e	4	2

S		
A	B	C
d	3	2
c	3	1

T		
A	B	C
a	1	2
b	2	1
c	3	1
d	3	2
e	4	2

则由关系 R 和 S 得到关系 T 的运算是（ ）。

  A. 交   B. 投影   C. 并   D. 选择

27. 有 3 个关系 R、S 和 T 如下图所示。

R		
A	B	C
a	1	12
b	2	1
c	3	1
e	4	5

S		
A	B	C
d	3	2
c	3	1

T		
A	B	C
a	1	2
b	2	1
c	4	5

则由关系 R 和 S 得到关系 T 的操作是（ ）。

  A. 选择   B. 差   C. 交   D. 并

28. 学生选课成绩表的关系模型是 SC(S#,C#,G)，其中 S# 为学号，C# 为课程号，G 为成绩，如下图所示。关系 $T=\pi$ S#,C#(SC)/C 表示（ ）。

SC		
S#	C#	G
S1	C1	90
S1	C2	92
S2	C1	91
S2	C2	80
S3	C1	55
S4	C2	59

C
C#
C1
C2

T
S#
S1
S2

  A. 全部学生的学号   B. 选修了表 C 中全部课程的学生学号

  C. 选修了课程 C1 或 C2 的学生学号   D. 所选课程成绩及格的学生的学号

29. 在关系数据库设计中，关系模型设计属于（   ）。

  A. 物理设计   B. 需求分析   C. 概念设计   D. 逻辑设计

30. 学生和课程的关系模式定义为：

S(S#,Sn,Sd,Dc,Sa)（其属性分别为学号、姓名、所在系、所在系的系主任、年龄）；

C(C#,Cn,P#)（其属性分别为学号、课程号和成绩）；

SC(S#,C#,G)（其属性分别为学号、课程号、成绩）。

关系中包含对主属性传递依赖的是（   ）。

  A. S#→Sd   B. S#→Sd,(S#,C#)→G

  C. S#→Sd,Sd→Dc   D. C#→P#,(S#,C#)→G

第 **8** 章　二级 MS Office 高级应用考试真题

8.1　考试真题卷（1）

考试真题卷（1）答案解析

一、单项选择题（20分）

1. 设顺序表的长度为 n。下列算法中，最坏情况下比较次数小于 n 的是（　　）。

    A. 寻找最大项　　　B. 堆排序　　　　　C. 快速排序　　　　D. 顺序查找法

2. 设栈的顺序存储空间为 S（1:m），初始状态为 top=m+1。现经过一系列正常的入栈与退栈操作后，top=0，则栈中的元素个数为（　　）。

    A. 不可能　　　　　B. m+1　　　　　　C. 1　　　　　　　D. m

3. 某二叉树的后序遍历序列与中序遍历序列相同，均为 ABCDEF，则按层次输出（同一层从左到右）的序列为（　　）。

    A. FEDCBA　　　　B. CBAFED　　　　C. DEFCBA　　　　D. ABCDEF

4. 循环队列的存储空间为 Q（1:200），初始状态为 front=rear=200。经过一系列正常的入队与退队操作后，front=rear=1，则循环队列中的元素个数为（　　）。

    A. 0 或 200　　　　B. 1　　　　　　　C. 2　　　　　　　D. 199

5. 软件设计一般划分为两个阶段，两个阶段依次是（　　）。

    A. 总体设计（概要设计）和详细设计

    B. 算法设计和数据设计

    C. 界面设计和结构设计

    D. 数据设计和接口设计

6. 结构化程序设计强调（　　）。

    A. 程序设计的易读性　　　　　　　　　B. 程序的效率

    C. 程序的规模　　　　　　　　　　　　D. 程序的可复用性

7. 下面不属于系统软件的是（　　）。

    A. 查毒软件　　　　　　　　　　　　　B. 操作系统

    C. 编译程序　　　　　　　　　　　　　D. 数据库管理系统

8. E-R 图中用来表示实体的图形是（　　）。

    A. 矩形　　　　　　B. 三角形　　　　　C. 菱形　　　　　　D. 椭圆形

9. 在关系表中，属性值必须是另一个表主键的有效值或空值，这样的属性是（　　）。

    A. 外健　　　　　　B. 候选键　　　　　　C. 主键　　　　　　D. 超键

10. 现有表示患者和医疗的关系如下：P(P#,Pn,Pg,By)，其中 P# 为患者编号，Pn 为患者姓名，Pg 为性别，By 为出生日期，Tr(P#,D#,Date,Rt)，其中 D# 为医生编号，Date 为就诊日期，Rt 为诊断结果。检索在 1 号医生处就诊且诊断结果为感冒的病人姓名的表达式是（　　）。

    A. $\pi Pn(\pi P\#(\sigma D\#=l \wedge Rt='感冒'(Tr)) \infty P)$

    B. $\pi Pn(\sigma D\#=l \wedge Rt='感冒'(Tr)$

    C. $\sigma D\#=l \wedge Rt='感冒'(Tr)$

    D. $\pi P\#(\sigma D\#=l \wedge Rt='感冒'(Tr)$

11. 某家庭采用 ADSL 宽带接入方式连接 Internet，ADSL 调制解调器连接一个无线路由器，家中的计算机、手机、电视机、PAD 等设备均可通过 Wi-Fi 实现无线上网，该网络拓扑结构是（　　）。

    A. 环型拓扑　　　　B. 总线型拓扑　　　　C. 网状拓扑　　　　D. 星型拓扑

12. 数字媒体已经广泛使用，属于视频文件格式的是（　　）。

    A. MP3 格式　　　　B. WAV 格式　　　　C. RM 格式　　　　D. PNG 格式

13. 为了保证独立的微机能够正常工作，必须安装的软件是（　　）。

    A. 操作系统　　　　　　　　　　　　B. 网站开发工具

    C. 高级程序开发语言　　　　　　　　D. 办公应用软件

14. 某台微机安装的是 64 位操作系统，"64 位"指的是（　　）。

    A. CPU 的运算速度，即 CPU 每秒钟能计算 64 位二进制数据

    B. CPU 的字长，即 CPU 每次能处理 64 位二进制数据

    C. CPU 的时钟主频

    D. CPU 的型号

15. 小王利用 Word 撰写专业学术论文时，需要在论文结尾处罗列出所有参考文献或书目，最优的操作方法是（　　）。

    A. 直接在论文结尾处输入所参考文献的相关信息

    B. 把所有参考文献信息保存在一个单独表格中，然后复制到论文结尾处

    C. 利用 Word 中"管理源"和"插入书目"功能，在论文结尾处插入参考文献或书目列表

    D. 利用 Word 中"插入尾注"功能，在论文结尾处插入参考文献或书目列表

16. 小明需要将 Word 文档内容以稿纸格式输出，最优的操作方法是（　　）。

    A. 适当调整文档内容的字号，然后将其直接打印到稿纸上

    B. 利用 Word 中"稿纸设置"功能即可

    C. 利用 Word 中"表格"功能绘制稿纸，然后将文字内容复制到表格中

    D. 利用 Word 中"文档网格"功能即可

17. 小李在 Excel 中整理职工档案，希望"性别"一列只能从"男""女"两个值中进行选择，否则系统提示错误信息，最优的操作方法是（　　）。

    A. 通过 If 函数进行判断，控制"性别"列的输入内容

    B. 请同事帮忙进行检查，错误内容用红色标记

    C. 设置条件格式，标记不符合要求的数据

    D. 设置数据有效性，控制"性别"列的输入内容

18. 小谢在 Excel 工作表中计算每个员工的工作年限，每满一年计一年工作年限，最优的操作方法是（　　）。

　　A. 根据员工的入职时间计算工作年限，然后手动录入到工作表中

　　B. 直接用当前日期减去入职日期，然后除以 365，并向下取整

　　C. 使用 TODAY 函数返回值减去入职日期，然后除以 365，并向下取整填充

　　D. 使用 YEAR 函数和 TODAY 函数获取当前年份，然后减去入职年份

19. 邱老师在学期总结 PowerPoint 演示文稿中插入了一个 SmartArt 图形，她希望将该 SmartArt 图形的动画效果设置为逐个形状播放，最优的操作方法是（　　）。

　　A. 为该 SmartArt 图形选择一个动画类型，然后再进行适当的动画设置

　　B. 只能将 SmartArt 图形作为一个整体设置动画效果，不能分开指定

　　C. 先将该 SmartArt 图形取消组合，然后再为每个形状依次设置动画

　　D. 先将该 SmartArt 图形转换为形状，然后取消组合，再为每个形状依次设置动画

20. 小江在制作公司产品介绍的 PowerPoint 演示文稿时，希望每类产品可以通过不同的演示主题进行展示，最优的操作方法是（　　）。

　　A. 为每类产品分别制作演示文稿，每份演示文稿均应用不同的主题

　　B. 为每类产品分别制作演示文稿，每份演示文稿均应用不同的主题，然后将这些演示文稿合并为一

　　C. 在演示文稿中选中每类产品所包含的幻灯片，分别为其应用不同的主题

　　D. 通过 PowerPoint "主题分布" 功能，直接应用不同的主题

二、操作题

1. Word 操作（30 分）

请在 "答题" 菜单下选择 "进入考生文件夹" 命令，并按照题目要求完成下面的操作。

注意：以下的文件必须都保存在考生文件夹下。

小王是某出版社新入职的编辑，刚受领主编提交给她的关于《计算机与网络应用》教材的编排任务。

请你根据考生文件夹下 "《计算机与网络应用》初稿.docx" 和相关图片文件的素材，帮助小王完成编排任务，具体要求如下。

（1）依据素材文件，将教材的正式稿命名为 "《计算机与网络应用》正式稿.docx"，并保存于考生文件夹下。

（2）设置页面的纸张大小为 A4 幅面，页边距上、下为 3 厘米，左、右为 2.5 厘米，设置每页行数为 36 行。

（3）将封面、前言、目录、教材正文的每一章、参考文献均设置为 Word 文档中的独立一节。

（4）教材内容的所有章节标题均设置为单倍行距，段前、段后间距 0.5 行。其他格式要求为：章标题（如 "第 1 章计算机概述"）设置为 "标题 1" 样式，字体为三号、黑体；节标题（如 "1.1 计算机发展史"）设置为 "标题 2" 样式，字体为四号、黑体；小节标题（如 "1.1.2 第一台现代电子计算机的诞生"）设置为 "标题 3" 样式，字体为小四号、黑体。前言、目录、参考文献的标题参照章标题设置。除此之外，其他正文字体设置为宋体、五号字，段落格式为单倍行距，首行缩进 2 字符。

（5）将考生文件夹下的 "第一台数字计算机.jpg" 和 "天河 2 号.jpg" 图片文件，依据图片内

容插入到正文的相应位置。图片下方的说明文字设置为居中，小五号、黑体。

（6）根据"教材封面样式.jpg"的示例，为教材制作一个封面，图片为考生文件夹下的"Cover.jpg"，将该图片文件插入到当前页面，设置该图片为"衬于文字下方"，调整大小使之正好为 A4 幅面。

（7）为文档添加页码，编排要求为：封面、前言无页码，目录页页码采用小写罗马数字，正文和参考文献页页码采用阿拉伯数字。正文的每一章以奇数页的形式开始编码，第 1 章的第 1 页页码为"1"，之后章节的页码编号续前节编号，参考文献页续正文页页码编号。页码设置在页面的页脚中间位置。

（8）在目录页的标题下方，以"自动目录 1"方式自动生成教材的目录。

2. Excel 操作（30 分）

请在"答题"菜单下选择"进入考生文件夹"命令，并按照题目要求完成下面的操作。

注意：以下的文件必须都保存在考生文件夹下。

小李是某政法学院教务处的工作人员，为更好地掌握各个教学班级学习的整体情况，教务处领导要求她制作成绩分析表。请根据考生文件夹下的"素材.xlsx"文件，帮助小李完成学生期末成绩分析表的制作。具体要求如下。

（1）将"素材.xlsx"另存为"成绩分析.xlsx"文件，所有的操作基于此新保存好的文件。

（2）在"法一""法二""法三""法四"工作表中表格内容的右侧，分别按序插入"总分""平均分""班内排名"列；并在这 4 个工作表表格内容的最下面增加"平均分"行。所有列的对齐方式设为居中，其中"班内排名"列数值格式为整数，其他成绩统计列的数值均保留 1 位小数。

（3）为"法一""法二""法三""法四"工作表内容套用"表样式中等深浅 15"的表格格式，并设置表包含标题。

（4）在"法一""法二""法三""法四"工作表中，利用公式分别计算"总分""平均分""班内排名"列的值和最后一行"平均分"的值。对学生成绩不及格（小于 60）的单元格突出显示为"橙色（标准色）填充色，红色（标准色）文本"格式。

（5）在"总体情况表"工作表中，更改工作表标签为红色，并将工作表内容套用"表样式中等深浅 15"的表格格式，设置表包含标题；将所有列的对齐方式设为居中；并设置"排名"列数值格式为整数，其他成绩列的数值格式保留 1 位小数。

（6）在"总体情况表"工作表 B3:J6 单元格区域内，计算填充各班级每门课程的平均成绩；并计算"总分""平均分""总平均分""排名"所对应单元格的值。

（7）依据各课程的班级平均分，在"总体情况表"工作表 A9:M30 区域内插入二维的簇状柱形图，水平簇标签为各班级名称，图例项为各课程名称。

（8）将该文件中所有工作表的第 1 行根据表格内容合并为一个单元格，并改变默认的字体、字号，使其成为当前工作表的标题。

（9）保存"成绩分析.xlsx"文件。

3. PowerPonit 操作（20 分）

请在"答题"菜单下选择"进入考生文件夹"命令，并按照题目要求完成下面的操作。

注意：以下的文件必须都保存在考生文件夹下。

作为中国海军博物馆讲解员的小张，受领了制作"辽宁号航空母舰"简介演示幻灯片的任务，需要对演示幻灯片内容进行精心设计和裁剪。请你根据考生文件夹下的"辽宁号航空母舰素材.docx"的素材，帮助小张完成制作任务，具体要求如下。

（1）制作完成的演示文稿至少包含 9 张幻灯片，并含有标题幻灯片和致谢幻灯片；演示文稿须选择一种适当的主题，要求字体和配色方案合理；每页幻灯片需设置不同的切换效果。

（2）标题幻灯片的标题为"辽宁号航空母舰"，副标题为"——中国海军第一艘航空母舰"，该幻灯片中还应有"中国海军博物馆二〇一八年九月"字样。

（3）根据"辽宁号航空母舰素材.docx"素材文档中对应标题"概况""简要历史""性能参数""舰载武器""动力系统""舰载机"和"内部舱室"的内容各制作 1 至 2 张幻灯片，文字内容可根据幻灯片的内容布局进行精简。这些内容幻灯片需选择合理的版式。

（4）请将相关的图片（图片文件均存放于考生文件夹下）插入到对应内容幻灯片中，完成合理的图文布局排列；并设置文字和图片的动画效果。

（5）演示文稿的最后一张为致谢幻灯片，并包含"谢谢"字样。

（6）除标题幻灯片外，设置其他幻灯片页脚的最左侧为"中国海军博物馆"字样，最右侧为当前幻灯片编号。

（7）设置演示文稿为循环放映方式，每张幻灯片的放映时间为 10 秒钟，在自定义循环放映时不包括最后一张的致谢幻灯片。

（8）演示文稿保存为"辽宁号航空母舰.pptx"。

8.2　考试真题卷（2）

考试真题卷（2）答案解析

一、单项选择题（20 分）

1. 某二叉树的中序遍历序列为 CBADE，后序遍历序列为 CBADE，则前序遍历序列为（　　）。

    A. EDABC   B. CBEDA   C. CBADE   D. EDCBA

2. 下列叙述中正确的是（　　）。

    A. 在循环队列中，队头指针与队尾指针的动态变化决定队列的长度

    B. 在循环队列中，队尾指针的动态变化决定队列的长度

    C. 在带链的队列中，队头指针与队尾指针的动态变化决定队列的长度

    D. 在带链的栈中，栈顶指针的动态变化决定栈中元素的个数

3. 设栈的存储空间为 S(1:60)，初始状态为 top=61。现经过一系列正常的入栈与退栈操作后，top=1，则栈中的元素个数为（　　）。

    A. 60   B. 59   C. 0   D. 1

4. 设顺序表的长度为 n。下列排序方法中，最坏情况下比较次数小于 $n(n-1)/2$ 的是（　　）。

    A. 堆排序   B. 快速排序   C. 简单插入排序   D. 冒泡排序

5. 下面属于软件定义阶段任务的是（　　）。

    A. 需求分析   B. 软件测试   C. 详细设计   D. 系统维护

6. 下列选项中，不是面向对象主要特征的是（　　）。

    A. 复用   B. 抽象   C. 继承   D. 封装

7. 某系统结构图如下图所示，该系统结构图的最大扇入数是（　　）。

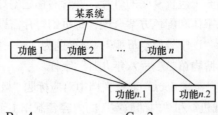

  A. 3   B. 4   C. 2   D. 1

8. 对数据库数据的存储方式和物理结构的逻辑进行描述的是（　　）。

  A. 内模式   B. 模式   C. 外模式   D. 用户模式

9. 将实体-联系模型转换为关系模型时，实体之间多对多联系在关系模型中的实现方式是（　　）。

  A. 建立新的关系   B. 建立新的属性
  C. 增加新的关键字   D. 建立新的实体

10. 定义学生、教师和课程的关系模式 S(S#,Sn,Sd,Dc,SA)（其属性分别为学号、姓名、所在系、所在系的系主任、年龄）；C(C#,Cn,P#)（其属性分别为课程号、课程名、先修课）；SC(S#,C#,G)（其属性分别为学号、课程号和成绩）。包含对非主属性部分依赖的关系是（　　）。

  A. S(S#,Sn,Sd,Dc,SA)   B. C(C#,Cn,P#)
  C. SC(S#,C#,G)   D. STCl(S#,T#,C#)

11. 20GB 的硬盘表示容量约为（　　）。

  A. 20 亿个字节   B. 20 亿个二进制位
  C. 200 亿个字节   D. 200 亿个二进制位

12. 计算机安全是指计算机资产安全，即（　　）。

  A. 计算机信息系统资源不受自然有害因素的威胁和危害
  B. 信息资源不受自然和人为有害因素的威胁和危害
  C. 计算机硬件系统不受人为有害因素的威胁和危害
  D. 计算机信息系统资源和信息资源不受自然和人为有害因素的威胁和危害

13. 下列设备组中，完全属于计算机输出设备的一组是（　　）。

  A. 喷墨打印机，显示器，键盘   B. 激光打印机，键盘，鼠标器
  C. 键盘，鼠标器，扫描仪   D. 打印机，绘图仪，显示器

14. 在一个非零无符号二进制整数之后添加一个 0，则此数的值为原数的（　　）。

  A. 4 倍   B. 2 倍   C. 1/2 倍   D. 1/4 倍

15. 办公室文秘小王正在使用 Word 创作一份会议流程文档，在会议中需要多次使用一张表格，为了方便在文档中多次使用该表格，以下最优的操作方法是（　　）。

  A. 第一次创建完表格后，可以使用"Ctrl+C"组合键，将表格放置剪贴板中，在后面文档需要的地方使用"Ctrl+V"组合键粘贴即可
  B. 第一次创建完表格后，选中该表格，使用"插入"→"文本"→"文档部件/将所选内容保存到文档部件库"，在后面文档需要的地方使用"文档部件/构建基块管理器"插入该表格即可
  C. 第一次创建完表格后，选中该表格，使用"插入"→"文本"→"文档部件/将所

　　　　选内容保存到文档部件库"，在后面文档需要的地方使用"插入"→"文本"→"对
　　　　象"按钮，插入该表格

D. 第一次创建完表格后，复制该表格内容到 Excel 表格中进行保存，在后面文档需要的
　　地方使用"插入"→"文本"→"对象"按钮，插入该表格

16. 办公室文员小王正在编辑 A.docx 文档，A.docx 文档中保存了名为"一级标题"的样式，现在希望在 B.docx 文档中的某一段文本上也能使用该样式，以下小王的操作中最优的操作方法是（　　　）。

A. 在 A.docx 文档中，打开"样式"对话框，找到"一级标题"样式，查看该样式的设置内容并记下，在 B.docx 文档中创建相同内容的样式并应用到该文档的段落文本中

B. 在 A.docx 文档中，打开"样式"对话框，单击"样式管理"，使用"导入/导出"按钮，将 A.docx 中的"一级标题"样式复制到 B.docx 文档中，在 B.docx 文档中便可直接使用该样式

C. 可以直接将 B. docx 文档中的内容复制 / 粘贴到 A.docx 文档中，这样就可以直接使用 A.docx 文档中的"一级标题"样式

D. 在 A. docx 文档中，选中该文档中应用了"一级标题"样式的文本，双击"格式刷"按钮，复制该样式到剪贴板，然后打开 B. docx 文档，单击需要设置样式的文本

17. 在 Excel 2010 中，设 E 列单元格存放工资总额，F 列用以存放实发工资。其中当工资总额超过 800 时，实发工资=工资−（工资总额−800）×税率；当工资总额少于或等于 800 时，实发工资=工资总额，假设税率为 5%，则 F 列可用公式实现。以下最优的操作方法是（　　　）。

A. 在 F2 单元格中输入公式=IF(E2>800,E2-(E2-800)*0.05,E2)

B. 在 F2 单元格中输入公式=IF(E2>800,E2,E2-(E2-800)*0.05)

C. 在 F2 单元格中输入公式=IF(("E2>800",E2-(E2-800)*0.05,E2)

D. 在 F2 单元格中输入公式=IF("E2>800",E2,E2-(E2-800)*0.05)

18. 在 Excel 2010 中，E3:E39 保存了单位所有员工的工资信息，现在需要对所有员工的工资增加 50 元，以下最优的操作方法是（　　　）。

A. 在 E3 单元格中输入公式=E3+50，然后使用填充句柄填充到 E39 单元格中

B. 在 E 列后插入一个新列 F 列，输入公式=E3+50，然后使用填充句柄填充到 F39 单元格，最后将 E 列删除，此时 F 列即为 E 列，更改一下标题名称即可

C. 在工作表数据区域之外的任一单元格中输入 50，复制该单元格，然后选中 E3 单元格，单击右键，使用"选择性粘贴 - 加"，最后使用填充句柄填充到 E39 单元格中

D. 在工作表数据区域之外的任一单元格中输入 50，复制该单元格，然后选中 E3:E39 单元格区域，单击右键，使用"选择性粘贴 - 加"即可

19. 在使用 PowerPoint 2010 制作的演示文稿中，多数页面中都添加了备注信息，现在需要将这些备注信息删除掉，以下最优的操作方法是（　　　）。

A. 打开演示文稿文件，逐一检查每张幻灯片的备注区，若有备注信息，则将备注信息删除

B. 单击"视图"→"母版视图"→"备注母版"按钮，打开"备注母版"视图，在该视图下删除备注信息

C. 单机"文件"→"信息"→"检查问题"，从下拉列表中选择"检查文档"按钮，弹出"文档检查器"对话框，勾选"演示文稿备注"复选框，然后单击"检查"按钮。

检查完成后单击"演示文稿备注"右侧的"全部删除"按钮

D. 单击"视图"→"演示文稿视图"→"备注页"按钮，切换到"备注页"视图，在该视图下逐一删除幻灯片中的备注信息

20. 一份演示文稿文件共包含 10 张幻灯片，现在需要设置每张幻灯片的放映时间为 10 秒，且播放时不包含最后一张致谢幻灯片，以下最优的操作方法是（　　）。

A. 在"幻灯片放映"→"设置"中，单击"排练计时"按钮，设置每张幻灯片的播放时间为 10 秒，且隐藏最后一张幻灯片

B. 在"切换"→"计时"中，勾选"设置自动换片时间"复选框，并设置时间为 10 秒，然后单击"幻灯片放映"选项卡下的"设置"中的"设置幻灯片放映"按钮，设置幻灯片放映从 1 至 9

C. 在"切换"→"计时"中，勾选"设置自动换片时间"复选框，并设置时间为 10 秒，然后单击"开始放映幻灯片"选项卡下的"开始放映幻灯片"中的"自定义幻灯片放映"按钮，设置包含幻灯片 1 至 9 的放映方案，最后播放该方案

D. 在"幻灯片放映"→"设置"中，单击"录制幻灯片演示"按钮，设置每张幻灯片的播放时间为 10 秒，然后单击"开始放映幻灯片"→"开始放映幻灯片"→"自定义幻灯片放映"按钮，设置包含幻灯片 1 至 9 的放映方案，最后播放该方案

二、操作题

1. Word 操作（30 分）

请在"答题"菜单下选择"进入考生文件夹"命令，并按照题目要求完成下面的操作。

注意：以下的文件必须都保存在考生文件夹下。

财务部助理小王需要协助公司管理层制作本年度财务报告，请你按照如下需求协助其完成制作工作。

（1）打开"Word_素材.docx"文件，将其另存为"Word.docx"，之后所有的操作均在"Word.docx"文件中进行。

（2）查看文档中含有绿色标记的标题，例如"致我们的股东""财务概要"等，将其段落格式赋予到本文档样式库中的"样式 1"。

（3）修改"样式 1"样式，设置其字体为黑色、黑体，并为该样式添加 0.5 磅的黑色、单线条下划线边框，该下划线边框应用于"样式 1"所匹配的段落，将"样式 1"重新命名为"报告标题 1"。

（4）将文档中所有含有绿色标记的标题文字段落应用"报告标题 1"样式。

（5）在文档的第 1 页与第 2 页之间插入新的空白页，并将文档目录插入到该页中。文档目录要求包含页码，并仅包含"报告标题 1"样式所示的标题文字。将自动生成的目录标题"目录"段落应用"目录标题"样式。

（6）因为财务数据信息较多，因此设置文档第 5 页"现金流量表"段落区域内的表格标题行可以自动出现在表格所在页面的表头位置。

（7）在"产品销售一览表"段落区域的表格下方，插入一个产品销售分析图，图表样式请参考"分析图样例.jpg"文件所示，并将图表调整到与文档页面宽度相匹配。

（8）修改文档页眉，要求文档第 1 页不包含页眉，文档目录页不包含页码，从文档第 3 页开始在页眉的左侧区域包含页码，在页眉的右侧区域自动填写该页中"报告标题 1"样式所示的标题文字。

（9）为文档添加水印，水印文字为"机密"，并设置为斜式版式。

（10）根据文档内容的变化，更新文档目录的内容与页码。

2．Excel 操作（30 分）

请在"答题"菜单下选择"进入考生文件夹"命令，并按照题目要求完成下面的操作。

注意：以下的文件必须都保存在考生文件夹下。

销售部助理小张需要针对 2017 年和 2018 年的公司产品销售情况进行统计分析，以便制订新的销售计划和工作任务。现在，请按照如下需求协助其完成工作。

（1）打开"Excel_素材.xlsx"文件，将其另存为"Excel.xlsx"，之后所有的操作均在"Excel.xlsx"文件中进行。

（2）在"订单明细"工作表中，删除订单编号重复的记录（保留第一次出现的那条记录），但须保持原订单明细的记录顺序。

（3）在"订单明细"工作表的"单价"列中，利用 VLOOKUP 公式计算并填写相对应图书的单价金额。图书名称与图书单价的对应关系可参考工作表"图书定价"。

（4）如果每笔订单的图书销量超过 40 本（含 40 本），则按照图书单价的 9.3 折进行销售；否则按照图书单价的原价进行销售。按照此规则，计算并填写"订单明细"工作表中每笔订单的"销售额小计"，保留 2 位小数。要求该工作表中的金额以显示精度参与后续的统计计算。

（5）根据"订单明细"工作表的"发货地址"列信息，并参考"城市对照"工作表中省市与销售区域的对应关系，计算并填写"订单明细"工作表中每笔订单的"所属区域"。

（6）根据"订单明细"工作表中的销售记录，分别创建名为"北区""南区""西区"和"东区"的工作表，这 4 个工作表中分别统计本销售区域各类图书的累计销售金额，统计格式请参考"Excel_素材.xlsx"文件中的"统计样例"工作表。将这 4 个工作表中的金额设置为带千分位的、保留两位小数的数值格式。

（7）在"统计报告"工作表中，分别根据"统计项目"列的描述，计算并填写所对应的"统计数据"单元格中的信息。

3．PowerPoint 操作（20 分）

请在"答题"菜单下选择"进入考生文件夹"命令，并按照题目要求完成下面的操作。

注意：以下的文件必须都保存在考生文件夹下。

在某展会的产品展示区，公司计划在大屏幕投影上向来宾自动播放并展示产品信息，因此需要市场部助理小刘完善产品宣传文稿的演示内容。请按照如下需求协助其在 PowerPoint 中完成制作工作：

（1）打开素材文件"PowerPoint_素材.pptx"，将其另存为"PowerPoint.pptx"，之后所有的操作均在"PowerPoint.pptx"文件中进行。

（2）将演示文稿中的所有中文文字字体由"宋体"替换为"微软雅黑"。

（3）为了布局美观，将第 2 张幻灯片中的内容区域文字转换为"基本维恩图"SmartArt 布局，更改 SmartArt 的颜色，并设置该 SmartArt 样式为"强烈效果"。

（4）为上述 SmartArt 图形设置由幻灯片中心进行"缩放"的进入动画效果，并要求自上一动画开始之后自动、逐个展示 SmartArt 中的 3 点产品特性文字。

（5）为演示文稿中的所有幻灯片设置不同的切换效果。

（6）将考试文件夹中的声音文件"BackMusic.mid"作为该演示文稿的背景音乐，并要求在幻灯片放映时即开始播放，至演示结束后停止。

（7）为演示文稿最后一页幻灯片右下角的图形添加指向网址"www.microsoft.com"的超链接。

（8）为演示文稿创建 3 个节，其中"开始"节中包含第一张幻灯片，"更多信息"节中包含最后一张幻灯片，其余幻灯片均包含在"产品特性"节中。

（9）为了实现幻灯片可以在展台自动放映，设置每张幻灯片的自动放映时间为 10 秒。

8.3 考试真题卷（3）

考试真题卷（3）答案解析

一、单项选择题（20 分）

1. 下列结构中属于线性结构链式存储的是（ ）。

    A. 双向链表   B. 循环队列   C. 二叉链表   D. 二维数组

2. 下列叙述中错误的是（ ）。

    A. 循环链表中有一个表头结点

    B. 循环链表的存储空间是连续的

    C. 循环链表的表头指针与循环链表中最后一个结点的指针均指向表头结点

    D. 循环链表实现了空表与非空表运算的统一

3. 度为 3 的一棵树共有 30 个结点，其中度为 3、1 的结点个数分别为 3、4，则该树中的叶子结点数为（ ）。

    A. 14   B. 15   C. 16   D. 不可能有这样的树

4. 在长度为 97 的顺序有序表中做二分查找，最多需要的比较次数为（ ）。

    A. 6   B. 96   C. 48   D. 7

5. 下列叙述中正确的是（ ）。

    A. 软件过程是软件开发过程

    B. 软件过程是软件维护过程

    C. 软件过程是软件开发过程和软件维护过程

    D. 软件过程是把输入转化为输出的一组彼此相关的资源和活动

6. 某系统总体结构如下图所示。

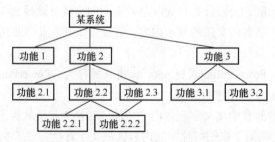

该系统结构图是（ ）。

    A. 网状结构   B. 层次结构   C. 分支结构   D. 循环结构

7. 下列叙述中正确的是（ ）。

    A. 对象标识可以不唯一   B. 对象是属性名和属性的封装体

    C. 对象具有封装性   D. 对象间的通信是靠方法调用

8. 下列叙述中正确的是（ ）。

    A. 数据库系统减少了数据冗余

B. 经规范化后的数据库系统避免了一切冗余

C. 数据库系统中数据的一致性是指数据类型一致

D. 数据库系统比文件系统能管理更多的数据

9. 每个学校有一名校长，且不同学校的校长可以是同一人，则实体学校和实体校长间的联系是（ ）。

A. 一对一　　　　B. 一对多　　　　C. 多对一　　　　D. 多对多

10. 定义部门关系模式如下：

部门（部门号，部门名，部门成员，部门总经理），使它不满足第一范式的属性是（ ）。

A. 部门号　　　　B. 部门名　　　　C. 部门成员　　　　D. 部门总经理

11. 造成计算机中存储数据丢失的原因主要是（ ）。

A. 计算机病毒侵蚀、人为窃取　　　　B. 计算机电磁辐射

C. 计算机存储器硬件损坏　　　　D. 以上全部

12. 消费者与消费者之间通过第三方电子商务平台进行交易的电子商务模式是（ ）。

A. C2C　　　　B. O2O　　　　C. B2B　　　　D. B2C

13. 下列有关计算机系统的叙述中，错误的是（ ）。

A. 计算机系统由硬件系统和软件系统组成

B. 计算机软件由各类应用软件组成

C. CPU 主要由运算器和控制器组成

D. 计算机主机由 CPU 和内存储器组成

14. 计算机中组织和存储信息的基本单位是（ ）。

A. 字长　　　　B. 字节　　　　C. 位　　　　D. 编码

15. 下列操作中，不能在 Word 文档中插入图片的操作是（ ）。

A. 使用"插入对象"功能　　　　B. 使用"插入交叉引用"功能

C. 使用复制、粘贴功能　　　　D. 使用"插入图片"功能

16. 小李正在 Word 中编辑一篇包含 12 个章节的书稿，他希望每一章都能自动从新的一页开始，最优的操作方法是（ ）。

A. 在每一章最后插入分页符

B. 在每一章最后连续按回车键"Enter"，直到下一页面开始处

C. 将每一章标题的段落格式设为"段前分页"

D. 将每一章标题指定为标题样式，并将样式的段落格式修改为"段前分页"

17. 在 Excel 工作表单元格中输入公式时，F$2 的单元格引用方式称为（ ）。

A. 交叉地址引用　　B. 混合地址引用　　C. 相对地址引用　　D. 绝对地址引用

18. 小明希望在 Excel 的每个工作簿中输入数据时，字体、字号总能自动设为 Calibri、9 磅，最优的操作方法是（ ）。

A. 先输入数据，然后选中这些数据并设置其字体、字号

B. 先选中整个工作表，设置字体、字号后再输入数据

C. 先选中整个工作表并设置字体、字号，之后将其保存为模板，再依据该模板创建新工作簿并输入数据

D. 通过后台视图的常规选项，设置新建工作簿时默认的字体、字号，然后再新建工作簿并输入数据

19. 如需在 PowerPoint 演示文档的一张幻灯片后增加一张新幻灯片，最优的操作方法是（　　）。

    A. 执行"文件"→"新建"命令

    B. 执行"插入"→"插入幻灯片"命令

    C. 执行"视图"→"新建窗口"命令

    D. 在普通视图左侧的幻灯片缩略图中按"Enter"键

20. 在 PowerPoint 演示文稿普通视图的幻灯片缩略图窗格中，需要将第 3 张幻灯片在其后面再复制一张，最快捷的操作方法是（　　）。

    A. 用鼠标拖动第 3 张幻灯片到第 3 张和第 4 张幻灯片之间时按下"Ctrl"键并放开鼠标

    B. 按下"Ctrl"键再用鼠标拖动第 3 张幻灯片到第 3 张和第 4 张幻灯片之间

    C. 用右键单击第 3 张幻灯片并选择"复制幻灯片"命令

    D. 选择第 3 张幻灯片并通过复制、粘贴功能实现复制

二、操作题

1. Word 操作（30 分）

请在"答题"菜单下选择"进入考生文件夹"命令，并按照题目要求完成下面的操作。

注意：以下的文件必须都保存在考生文件夹下。

小方正在为本部门报考会计职称的考生准备相关通知及准考证，利用考生文件夹下提供的相关素材，按下列要求帮助他完成文档的编排。

（1）新建一个空白 Word 文档，利用文档"准考证素材及示例.docx"中的文本素材并参考其中的示例图制作准考证主文档，以"准考证.docx"为文件名保存在考生文件夹下（".docx"为文件扩展名），以下操作均基于此文件，否则不得分。具体制作要求如下。

① 准考证表格整体水平、垂直方向均位于页面的中间位置。

② 表格宽度根据页面自动调整，为表格添加任一图案样式的底纹，以不影响阅读其中的文字为宜。

③ 适当加大表格第一行中标题文本的字号和字符间距。

④ "考生须知"四字竖排且水平、垂直方向均在单元格内居中，"考生须知"下包含的文本以自动编号排列。

（2）为指定的考生每人生成一份准考证，要求如下。

① 在主文档"准考证.docx"中，将表格中的红色文字替换为相应的考生信息，考生信息保存在考试文件夹下的 Excel 文档"考生名单.xlsx"中。

② 标题中的考试级别信息根据考生所报考科目自动生成："考试科目"为"高级会计实务"时，考试级别为"高级"，否则为"中级"。

③ 考试时间栏中，令中级 3 个科目名称（素材中蓝色文本）均等宽占用 6 个字符宽度。

④ 表格中的文本字体均采用"微软雅黑"、黑色、并选用适当的字号。

⑤ 在"贴照片处"插入考生照片（提示：只有部分考生有照片）。

⑥ 为所属"门头沟区"，且报考中级全部 3 个科目（中级会计实务、财务管理、经济法）或报考高级科目（高级会计实务）的考生每人生成一份准考证，并以"个人准考证.docx"为文件名保存到考生文件夹下，同时保存主文档"准考证.docx"的编辑结果。

（3）打开考生文件夹下的文档"Word 素材.docx"，将其另存为"Word.docx"，以下所有的操作均基于此文件，否则不得分。

① 将文档中的所有手动换行符（软回车）替换为段落标记（硬回车）。

② 在文号与通知标题之间插入高 2 磅、宽 40%、标准红色、居中排列的横线。

③ 用文档"样式模板.docx"中的样式"标题、标题 1、标题 2、标题 3、正文、项目符号、编号"替换本文档中的同名样式。

④ 参考素材文档中的示例将其中的蓝色文本转换为一个流程图，选择适当的颜色及样式。之后将示例图删除。

⑤ 将文档最后的两个附件标题分别超链接到考生文件夹下的同名文档。修改超链接的格式，使其访问前为标准紫色，访问后变为标准红色。

⑥ 在文档的最后以图标形式将"个人准考证.docx"嵌入到当前文档中，任何情况下单击该图标即可开启相关文档。

2. Excel 操作（30 分）

请在"答题"菜单下选择"进入考生文件夹"命令，并按照题目要求完成下面的操作。

注意：以下的文件必须都保存在考生文件夹下。

马老师负责本次公务员考试成绩数据的整理，按照下列要求帮助她完成相关的整理、统计和分析工作。

（1）将考生文件夹下的工作簿文档"Excel 素材.xlsx"另存为"Excel.xlsx"（".xlsx"为文件扩展名），之后所有的操作均基于此文件，否则不得分。操作过程中，不可以随意改变工作表中数据的顺序。

（2）将考生文件夹下的工作簿"行政区划代码对照表.xlsx"中的工作表"Sheet1"复制到工作表"名单"的左侧，并重命名为"行政区划代码"，且工作表标签颜色设为标准紫色；以考生文件夹下的图片"map.jpg"作为该工作表的背景，不显示网格线。

（3）按照下列要求对工作表"名单"中的数据进行完善。

① 在"序号"列中输入格式为"00001、00002、00003…"的顺序号。

② 在"性别"列的空白单元格中输入"男"。

③ 在"性别"和"部门代码"之间插入一个空列，列标题为"地区"。自左向右准考证号的第 5、6 位为地区代码，依据工作表"行政区划代码"中的对应关系在"地区"列中输入地区名称。

④ "部门代码"列中填入相应的部门代码，其中准考证号的前 3 位为部门代码。

⑤ 考证号的第 4 位代表考试类别，按照下列计分规则计算每个人的总成绩。

准考证号的第 4 位	考试类别	计分方法
1	A 类	笔试面试各占 50%
2	B 类	笔试占 60%、面试占 40%

（4）按照下列要求对工作表"名单"的格式进行设置。

① 修改单元格样式"标题 1"，令其格式变为"微软雅黑"、14 磅、不加粗、跨列居中，其他保持默认效果。为第 1 行中的标题文字应用更改后的单元格样式"标题 1"，令其在所有数据上方居中排列，并隐藏其中的批注内容。

② 将笔试分数、面试分数、总成绩 3 列数据设置为形如"123.320 分"，且能够正确参与运算的数值类数字格式。

③ 正确的准考证号为 12 位文本，面试分数的范围为 0~100 之间的整数（含本数），试检测

这两列数据的有效性，当输入错误时给出提示信息"超出范围！请重新输入。"，以标准红色文本标出存在的错误数据。

④ 整个数据区域套用一个表格格式，取消筛选并转换为普通区域。

⑤ 适当加大行高、并自动调整各列列宽至合适的大小。

⑥ 锁定工作表的第 1~3 行，使之始终可见。

⑦ 分别以数据区域的首行作为各列的名称。

（5）以工作表"名单"的原始数据为依据，在工作表"统计分析"中按下列要求对各部门数据进行统计。

① 首先获取部门代码及报考部门，并按部门代码的升序进行排列。

② 将各项统计数据填入相应单元格，其中统计男女人数时应使用函数并应用已定义的名称，最低笔试分数线按部门统计。

③ 对工作表"统计分析"设置条件格式，令其只有在单元格非空时才会自动以某一浅色填充偶数行，且自动添加上下边框线。

④ 令第 G 列数字格式显示为百分数、要求四舍五入精确到小数点后 3 位。

（6）以工作表"统计分析"为数据源，生成如表中数据右侧示例所示的图表，要求如下。

① 图表标题与数据上方第 1 行中的标题内容一致并可同步变化。

② 适当改变图表样式、图表中数据系列的格式，调整图例的位置。

③ 坐标轴设置应与示例相同。

④ 将图表以独立方式嵌入到新工作表"分析图表"中，令其不可移动。

3. PowerPoint 操作（20 分）

请在"答题"菜单下选择"进入考生文件夹"命令，并按照题目要求完成下面的操作。

注意：以下的文件必须都保存在考生文件夹下。

节能环保低碳创业大赛组委会委托李老师制作有关赛事宣传的演示文稿，用于展台自动播放。按照下列要求帮助李老师组织材料完成演示文稿的整合制作，制作完成的文档共包含 12 张幻灯片。

（1）根据考生文件夹下的 Word 文档"PPT 素材.docx"创建包含 13 张幻灯片，名为"PPT.pptx"的演示文稿（".docx"".pptx"均为文件扩展名），其对应关系如下表所列。令新生成的演示文稿"PPT.pptx"不包含有原素材中的任何格式，之后所有的操作均基于此文件，否则不得分。

Word 文本颜色	对应 PPT 内容
红色	标题
蓝色	第一级文本
绿色	第二级文本
黑色	备注文本

（2）创建一个名为"环境保护"的幻灯片母版，对该幻灯片母版进行下列设计。

① 仅保留"标题幻灯片""标题和内容""节标题""空白""标题和竖排文字"和"标题和文本" 6 个默认版式。

② 在最下面增加一个名为"标题和 SmartArt 图形"的新版式，并在标题框下添加 SmartArt 占位符。

③ 设置幻灯片中所有中文字体为"微软雅黑"、西文字体为"Calibri"。

④ 将所有幻灯片中一级文本的颜色设为标准蓝色、项目符号替换为图片"Bullet.png"。

⑤ 将考生文件夹下的图片"Background.jpg"作为"标题幻灯片"版式的背景、透明度 65%。

⑥ 设置除标题幻灯片外其他版式的背景为渐变填充"雨后初晴";插入图片"Pic.jpg",设置该图片背景色透明,并令其对齐幻灯片的右侧和下部,不要遮挡其他内容。

⑦ 为演示文稿"PPT.pptx"应用新建的设计主题"环境保护"。

(3)为第 1 张幻灯片应用"标题幻灯片"版式。为其中的标题和副标题分别指定动画效果,其顺序为:单击时标题在 5 秒内自左上角飞入、同时副标题以相同的速度自右下角飞入,4 秒钟后标题与副标题同时自动在 3 秒内沿原方向飞出。将素材中的黑色文本作为标题幻灯片的备注内容,在备注文字下方添加图片"Remark.png",并适当调整其大小。

(4)将第 3 张幻灯片中的文本转换为字号 60 磅、字符间距加宽至 20 磅的"填充 - 红色,强调文字颜色 2,暖色粗糙棱台"样式的艺术字,文本效果转换为"朝鲜鼓",且位于幻灯片的正中间。

(5)将第 5 张幻灯片的版式设为"节标题";在其中的文本框中创建目录,内容分别为 6、7、8 张幻灯片的标题,并令其分别链接到相应的幻灯片。

(6)将第 9、10 两张幻灯片合并为一张,并应用版式"标题和 SmartArt 图形";将合并后的文本转换为"垂直块列表"布局的 SmartArt 图形,适当调整其颜色和样式,并为其添加任一动画效果。

(7)将第 10 张幻灯片的版式设为"标题和竖排文字",并令文本在文本框中左对齐。为最后一张幻灯片应用"空白"版式,将其中包含联系方式的文本框左右居中,并为其中的文本设置动画效果,令其按第二级文本段落逐字弹跳式进入幻灯片。

(8)将第 5~8 张幻灯片组织为一节,节名为"参赛条件",为该节应用设计主题"暗香扑面"。为演示文稿不同的节应用不同的切换方式,所有幻灯片均每隔 5 秒自动换片。

(9)设置演示文稿由观众自行浏览且自动循环播放。

基本要求

1. 掌握算法的基本概念。
2. 掌握基本数据结构及其操作。
3. 掌握基本排序和查找算法。
4. 掌握逐步求精的结构化程序设计方法。
5. 掌握软件工程的基本方法，具有初步应用相关技术进行软件开发的能力。
6. 掌握数据库的基本知识，了解关系数据库的设计。

考试内容

一、数据结构与算法

1. 算法的基本概念；算法复杂度的概念和意义（时间复杂度与空间复杂度）。
2. 数据结构的定义；数据的逻辑结构与存储结构；数据结构的图形表示；线性结构与非线性结构的概念。
3. 线性表的定义；线性表的顺序存储结构及其插入与删除运算。
4. 栈和队列的定义；栈和队列的顺序存储结构及其基本运算。
5. 线性单链表、双向链表与循环链表的结构及其基本运算。
6. 树的基本概念；二叉树的定义及其存储结构；二叉树的前序、中序和后序遍历。
7. 顺序查找与二分法查找算法；基本排序算法（交换类排序、选择类排序、插入类排序）。

二、程序设计基础

1. 程序设计方法与风格。
2. 结构化程序设计。
3. 面向对象的程序设计方法，对象、方法、属性及继承与多态性。

三、软件工程基础

1. 软件工程基本概念，软件生命周期概念，软件工具与软件开发环境。
2. 结构化分析方法，数据流图，数据字典，软件需求规格说明书。

3. 结构化设计方法，总体设计与详细设计。

4. 软件测试的方法，白盒测试与黑盒测试，测试用例设计，软件测试的实施，单元测试、集成测试和系统测试。

5. 程序的调试，静态调试与动态调试。

四、数据库设计基础

1. 数据库的基本概念：数据库，数据库管理系统，数据库系统。

2. 数据模型，实体联系模型及 E-R 图，从 E-R 图导出关系数据模型。

3. 关系代数运算，包括集合运算及选择、投影、连接运算，数据库规范化理论。

4. 数据库设计方法和步骤：需求分析、概念设计、逻辑设计和物理设计的相关策略。

考试方式

1. 公共基础知识不单独考试，与其他二级科目组合在一起，作为二级科目考核内容的一部分。

2. 考试方式为上机考试，10 道选择题，占 10 分。

附录 B
全国计算机等级考试二级
MS Office 高级应用考试
大纲（2018 年版）

基本要求

1. 掌握计算机基础知识及计算机系统组成。
2. 了解信息安全的基本知识，掌握计算机病毒及防治的基本概念。
3. 掌握多媒体技术的基本概念和基本应用。
4. 了解计算机网络的基本概念和基本原理，掌握因特网网络服务和应用。
5. 正确采集信息并能在文字处理软件 Word、电子表格软件 Excel、演示文稿制作软件 PowerPoint 中熟练应用。
6. 掌握 Word 的操作技能，并熟练应用进行文档编制。
7. 掌握 Excel 的操作技能，并熟练应用进行数据计算及分析。
8. 掌握 PowerPoint 的操作技能，并熟练应用进行演示文稿制作。

考试内容

一、计算机基础知识

1. 计算机的发展、类型及其应用领域。
2. 计算机软硬件系统的组成及主要技术指标。
3. 计算机中数据的表示与存储。
4. 多媒体技术的概念与应用。
5. 计算机病毒的特征、分类与防治。
6. 计算机网络的概念、组成和分类；计算机与网络信息安全的概念和防控。
7. 因特网网络服务的概念、原理和应用。

二、Word 的功能和使用

1. Microsoft Office 应用界面使用和功能设置。
2. Word 的基本功能，文档的创建、编辑、保存、打印和保护等基本操作。
3. 设置字体和段落格式、应用文档样式和主题、调整页面布局等排版操作。
4. 文档中表格的制作与编辑。

5.　文档中图形、图像（片）对象的编辑和处理，文本框和文档部件的使用，符号与数学公式的输入与编辑。

6.　文档的分栏、分页和分节操作，文档页眉、页脚的设置，文档内容引用操作。

7.　文档审阅和修订。

8.　利用邮件合并功能批量制作和处理文档。

9.　多窗口和多文档的编辑，文档视图的使用。

10.　分析图文素材，并根据需求提取相关信息引用到 Word 文档中。

三、Excel 的功能和使用

1.　Excel 的基本功能，工作簿和工作表的基本操作，工作视图的控制。

2.　工作表数据的输入、编辑和修改。

3.　单元格格式化操作、数据格式的设置。

4.　工作簿和工作表的保护、共享及修订。

5.　单元格的引用、公式和函数的使用。

6.　多个工作表的联动操作。

7.　迷你图和图表的创建、编辑与修饰。

8.　数据的排序、筛选、分类汇总、分组显示和合并计算。

9.　数据透视表和数据透视图的使用。

10.　数据模拟分析和运算。

11.　宏功能的简单使用。

12.　获取外部数据并分析处理。

13.　分析数据素材，并根据需求提取相关信息引用到 Excel 文档中。

四、PowerPoint 的功能和使用

1.　PowerPoint 的基本功能和基本操作，演示文稿的视图模式和使用。

2.　演示文稿中幻灯片的主题设置、背景设置、母版制作和使用。

3.　幻灯片中文本、图形、SmartArt、图像（片）、图表、音频、视频、艺术字等对象的编辑和应用。

4.　幻灯片中对象动画、幻灯片切换效果、链接操作等的交互设置。

5.　幻灯片放映设置，演示文稿的打包和输出。

6.　分析图文素材，并根据需求提取相关信息引用到 PowerPoint 文档中。

考试方式

上机考试，考试时长 120 分钟，满分 100 分。

1.　题型与分值

单项选择题 20 分（含公共基础知识部分 10 分）。

Word 操作 30 分。

Excel 操作 30 分。

PowerPoint 操作 20 分。

2.　考试环境

操作系统：中文版 Windows 7。

考试环境：Microsoft Office 2010。

参 考 文 献

1. 教育部考试中心. 全国计算机等级考试二级教程——MS Office 高级应用（2018 年版）. 北京：高等教育出版社，2017.

2. 教育部考试中心. 全国计算机等级考试二级教程——公共基础知识（2018 年版）. 北京：高等教育出版社，2017.

3. 未来教育教学与研究中心. 全国计算机等级考试上机考试题库. 成都：电子科技大学出版社，2018.

4. 未来教育教学与研究中心. 全国计算机等级考试模拟考场. 成都：电子科技大学出版社，2018.

5. 石永福. 大学计算机基础教程. 第 2 版. 北京：清华大学出版社，2014.

6. 崔婕. Excel 在财务管理中的应用. 北京：人民邮电出版社，2014.

7. 沈玮. Office 高级应用案例教程. 北京：人民邮电出版社，2015.

8. 许久成，王岁花. 大学计算机基础. 北京：科学出版社，2013.

9. 张志敏. 大学计算机基础及上机指导. 北京：清华大学出版社，2012.

10. 马睿，李丽芬. 大学计算机基础及应用. 北京：人民邮电出版社，2014.

11. 杨瑞良. 大学计算机基础. 大连：东软电子出版社，2012.